高等职业教育“十四五”规划教材

园林工程项目管理

高健丽　张义勇　主编

中国农业大学出版社
·北京·

内容简介

本书依据高等职业教育园林及其相关专业的教学基本要求，基于工作过程，采用“项目导向、任务驱动、理实一体”的模式进行编写，按照教学中能实现的“任务描述—相关知识—任务实施—学习评价—复习思考—总结”几个步骤进行编排，目标明确，针对性强，力求继承与创新、全面与系统、实用与适用，体现职业教育教材的特点。本书以园林企业施工项目管理工作过程为依据设置 3 个学习项目，分别为园林工程项目投标组织与实施、园林工程项目施工准备与设计、园林工程项目施工管理；每个项目下设若干个工作任务，全书共计 16 个工作任务，内容包括：投标准备，编制投标文件，开标、评标、定标、中标，施工准备，施工方案的确定，施工进度计划，施工总平面布置，施工质量管理，施工进度管理，施工成本管理，施工现场管理，施工安全管理，施工合同管理，施工资料管理，竣工验收管理，绿化养护管理。

本书可作为高等职业院校园林及其相关专业的教科书，也可作为园林工程管理人员、工程技术人员的学习参考资料。

图书在版编目(CIP)数据

园林工程项目管理/高健丽，张义勇主编. — 北京：中国农业大学出版社，2019. 3(2024. 10 重印)

ISBN 978-7-5655-2189-8

Ⅰ. ①园…　Ⅱ. ①高…　②张…　Ⅲ. ①园林－工程项目管理－高等职业教育－教材
Ⅳ. ①TU986. 3

中国版本图书馆 CIP 数据核字(2019)第 061786 号

书　　名　园林工程项目管理
作　　者　高健丽　张义勇　主编

策划编辑　康昊婷　　**责任编辑**　洪重光
封面设计　郑　川　李尘工作室
出版发行　中国农业大学出版社
社　　址　北京市海淀区学清路甲 38 号　　**邮政编码**　100193
电　　话　发行部 010-62733489，1190　　读者服务部 010-62732336
编辑部 010-62732617，2618　　出　版　部 010-62733440
网　　址　http://www.caupress.cn　　**E-mail**　cbsszs @ cau.edu.cn
经　　销　新华书店
印　　刷　天津鑫丰华印务有限公司
版　　次　2019 年 6 月第 1 版　　2024 年 10 月第 3 次印刷
规　　格　185 mm×260 mm　　16 开本　　12.75 印张　　320 千字
定　　价　38.00 元

编审人员
CONTRIBUTORS

主　编　高健丽（河北旅游职业学院）

　　　　张义勇（河北旅游职业学院）

副主编　姚飞飞（河北旅游职业学院）

　　　　李艳萍（河北旅游职业学院）

　　　　李海锋（北京碧海怡景园林绿化有限公司）

参　编　杜　宏（河北旅游职业学院）

　　　　魏立群（河北旅游职业学院）

　　　　吴　昊（河北旅游职业学院）

　　　　李地全（北京碧海怡景园林绿化有限公司）

　　　　李　瑞（北京碧海怡景园林绿化有限公司）

　　　　李润楠（承德避暑山庄旅游集团有限责任公司）

主　审　李宏伟（河北农业大学）

前言 PREFACE

党的二十大报告指出，实施科教兴国战略，强化现代化建设人才支撑。教材是培养人才的关键。“园林工程项目管理”是高等职业院校园林类学科的一门专业主干课程，它具有实践性、针对性、综合性强的特点，对培养学生专业技能具有举足轻重的作用。基于此，河北旅游职业学院园林艺术系与北京碧海怡景园林绿化有限公司开展校企合作，编写了《园林工程项目管理》教材供教学使用，以满足社会对园林工程管理岗位技术技能型人才教育的需要。

本教材以园林企业施工项目管理工作过程为核心展开编写，依照园林工程实境实战的工作任务，确定了“项目导向、任务驱动、理实一体”的编写模式，将岗位所需专业知识融入教材内容中，内容翔实，语言简洁，重点突出，具有较强的实践性和适用性。

参与本教材编写的有河北旅游职业学院高健丽、张义勇、姚飞飞、李艳萍、杜宏、魏立群、吴昊，北京碧海怡景园林绿化有限公司李海锋、李地全、李瑞，承德避暑山庄旅游集团有限责任公司李润楠。编写分工如下：项目一中工作任务一、二、三由姚飞飞编写，案例分析由高健丽编写；项目二由高健丽编写；项目三中工作任务一由李艳萍编写，工作任务二及技能训练由高健丽编写，工作任务三、八由姚飞飞编写；工作任务四、五、六由杜宏编写，工作任务七及全书图形完善由李润楠负责，工作任务九由张义勇编写；附录由李海锋、李地全、李瑞编写；魏立群、吴昊协助绘图。高健丽、张义勇负责教材统稿工作。在此，感谢河北农业大学硕士生导师李宏伟副教授在百忙之中担任教材主审，他对本教材进行了细致的审阅，并提出中肯的意见。

本教材可作为高等职业院校园林及其相关专业的教科书，也可作为园林工程管理人员、工程技术人员的学习参考资料。

本教材在编写过程中，得到了河北旅游职业学院领导、专家、老师的关心和指导以及北京碧海怡景园林绿化有限公司的大力支持。教材中大量引用了前辈学者的有关观点、论文、著作，未一一注明，敬请谅解，在此谨向有关作者深表谢意。

由于时间仓促，加之编者水平有限，不妥之处在所难免，恳请各位同仁和广大读者批评指正。

编　者

2024 年 9 月

目录 CONTENTS

Project 1

园林工程项目投标组织与实施

项目引言

招标投标是基本建设领域促进竞争的全面经济责任制形式。一般由若干施工单位参与工程投标，招标单位综合考虑工期、造价、质量、信誉等因素择优入选，中标单位与建设单位签订合同。主要包括编制招标文件、确定标底、招标、报送标函、开标、评标、决标、签订工程承包合同等组织程序和工作环节。投标人按中标函中规定的内容，与招标人签订施工合同。合同签订后由有关方面监督执行。

工程招标制度是在市场经济的条件下，采用招投标方式以实现工程承包的一种工程管理制度。工程招投标制度的建立与实行是对计划经济条件下单纯运用行政办法分配建设任务的一项重大改革措施，是保护市场竞争、反对市场垄断和发展市场经济的一个重要标志，也是园林工程项目管理中的一个重要环节。

学习目标

了解 招投标的基本流程。

熟悉 招标、投标文件的基本内容。

掌握 投标文件的编制方法及投标策略。

能够 根据具体的工程项目，选择合适的投标策略，编制投标书，参与投标活动。

工作任务一 投标准备

一、任务描述

任务说明

1. 教师提供园林工程实例，分析投标准备的工作内容。

2. 学习投标前的投标准备工作及内容。

任务要求

结合工程项目实例，了解招投标的基本流程，掌握投标前准备工作和投标工作的具体流程及环节。

二、相关知识

(一)招标方式

根据《中华人民共和国招标投标法》规定，招标分为公开招标和邀请招标。

公开招标是指招标人以招标公告的方式邀请不特定的法人或者其他组织投标。公开招标，又叫竞争性招标，即由招标人在报刊、电子网络或其他媒体上刊登招标公告，吸引众多企业单位参加投标竞争，招标人从中择优选择中标单位的招标方式。优点是在较广范围内选择中标人，投标竞争激烈，有利于选择可靠中标人并取得有竞争性的报价；缺点是申请投标人数较多，特别是采用资格预审的招标项目，招标工作量较大，所需招标时间长，费用高。

邀请招标是指招标人以投标邀请的方式邀请特定的法人或其他组织投标，也称为有限竞争招标，邀请对象数目一般以5～7家为宜，但不得少于3家，向其发出投标邀请函，由被邀请的供应商、承包商参与投标竞争，从中选定中标者的招标方式。缺点是范围小，选择面窄，可能排斥了在技术上或价格上有竞争实力的投标者。

(二)招投标程序

1. 招标

公开招标应当发布招标通告。招标公告应当通过报刊或者其他媒介发布。其中属于政府采购而采用公开招标或者邀请招标方式的，则还应当遵循政府采购信息发布管理规定。招标通告应当载明下列事项：

(1)招标人的名称和地址；

(2)招标项目的性质、数量；

(3)招标项目的地点和时间要求；

(4)获取招标文件的办法、地点和时间；

(5)对招标文件收取的费用；

(6)需要公告的其他事项。

招标人或招标投标中介机构可以对有兴趣投标的法人或者其他组织进行资格预审，但应当通过报刊或者其他媒介发布资格预审通告。资格预审通告应当载明下列事项：

(1)招标人的名称和地址；

(2)招标项目的性质、数量；

(3)招标项目的地点和时间要求；

(4)获取资格预审文件的办法、地点和时间；

(5)对资格预审文件收取的费用；

(6)提交资格预审申请书的地点和截止日期；

(7)资格预审的日程安排；

(8)需要通告的其他事项。

上述预审应当主要审查有兴趣投标的法人或者其他组织是否具有圆满履行合同的能力。有兴趣投标的法人或者其他组织应当向招标人或者招标投标中介机构提交证明其具有圆满履行合同能力的证明文件或者资料。招标人或者招标投标中介机构应当对提交资格预审申请书的法人或者其他组织作出预审决定。

采用邀请招标程序的，招标人一般应当向三家以上有兴趣投标的或者通过资格预审的法人或者其他组织发出投标邀请书。招标人或者招标投标中介机构根据招标项目的要求编制招标文件。招标文件一般应当载明下列事项：

(1)投标人须知；

(2)招标项目的性质、数量；

(3)技术规格；

(4)投标价格的要求及其计算方式；

(5)评标的标准和方法；

(6)交货、竣工或提供服务的时间；

(7)投标人应当提供的有关资格和资信证明文件；

(8)投标保证金的数额或其他形式的担保；

(9)投标文件的编制要求；

(10)提供投标文件的方式、地点和截止日期；

(11)开标、评标、定标的日程安排；

(12)合同格式及主要合同条款；

(13)需要载明的其他事项。

招标人或者招标投标中介机构在招标文件中，可以规定投标人在提交符合招标文件要求的投标文件的同时，提交备选投标文件，但应说明理由，并规定相应的评审和比较办法。招标文件规定的技术规格应当采用国际或者国内公认的法定标准。招标文件中规定的各项技术规格，不得要求或者标明某一特定的专利、商标、名称、设计、型号、原产地或生产厂家，或排斥某一有兴趣投标的法人或者其他组织的内容。

招标人或者招标投标中介机构需要对已售出的招标文件进行澄清或者非实质性修改的，一般应当在提交投标文件截止日期15天前以书面形式通知所有招标文件的购买者，该澄清或修改内容为招标文件的组成部分。招标公告发布或投标邀请书发出之日到提交投标文件截止之日，一般不得少于30天。

对于同一招标项目，招标人或者招标投标中介机构可以分两阶段进行招标。第一阶段，招标人或者招标投标中介机构应当要求有兴趣投标的法人或者其他组织先提交不包括投标价格的初步投标文件，列明关于招标项目技术、质量或其他方面的建议。招标人或者招标投标中介机构可以与投标人就初步投标文件的内容进行讨论。第二阶段，招标人或者招标投标中介机构应当向提交了初步投标文件并未被拒绝的投标人提供正式招标文件。投标人或者招标投标中介机构根据正式招标文件的要求，提交包括投标价格在内的最后投标文件。

2. 投标

投标人应当按照招标文件的规定编制投标文件。投标文件应当载明下列事项：

(1)投标函；

(2)投标人资格、资信证明文件；

(3)投标项目方案及说明；

(4)投标价格；

(5)投标保证金或者其他形式的担保；

(6)招标文件要求具备的其他内容。

投标文件应在规定的截止日期前密封送达投标地点。招标人或者招标投标中介机构对在提交投标文件截止日期后收到的投标文件，应不予开启并退还。招标人或者招标投标中介机构应当对收到的投标文件签收备案。投标人有权要求招标人或者招标投标中介机构提供签收证明。投标人可以撤回、补充或者修改已提交的投标文件；但是应当在提交投标文件截止日期之前，书面通知招标人或者招标投标中介机构。

3. 开标

开标应当按照招标文件规定的时间、地点和程序以公开方式进行。开标由招标人或者招标投标中介机构主持，邀请评标委员会成员、投标人代表和有关单位代表参加。投标人检查投标文件的密封情况，确认无误后，由有关工作人员当众拆封、验证投标资格，并宣读投标人名称、投标价格以及其他主要内容。投标人可以对唱标做必要的解释，但所做的解释不得超过投标文件记载的范围或改变投标文件的实质性内容。开标时应当做好记录，存档备查。

4. 评标与定标

评标应当按照招标文件的规定进行。招标人或者招标投标中介机构负责组建评标委员会。评标委员会由招标人的代表及其聘请的技术、经济、法律等方面的专家组成，总人数一般为5人以上单数，其中受聘的专家不得少于2/3。与投标人有利害关系的人不得进入相关项目的评标委员会。

评标委员会负责评标。评标委员会对所有投标文件进行审查，对与招标文件规定有实质性不符的投标文件，应当决定其无效。评标委员会可以要求投标人对投标文件中含义不明确的地方进行必要的澄清，但澄清不得超过投标文件记载的范围或改变投标文件的实质性内容。评标委员会应当按照招标文件的规定对投标文件进行评审和比较，并向招标人推荐1～3个中标候选人。

招标人应当从评标委员会推荐的中标候选人中确定中标人。中选的投标者应当符合下列条件之一：

(1)满足招标文件各项要求，并考虑各种优惠及税收等因素，在合理条件下所报投标价格最低的；

(2)满足招标文件中规定的综合评价标准的。

除采用议标程序外，招标人或者招标投标中介机构不得在定标前与投标人就投标价格、投标方案等事项进行协商谈判。招标人或者招标投标中介机构应当将中标结果书面通知所有投标人。招标人与中标人应当按照招标文件的规定和中标通知书发出30日内签订书面合同。

(三)工程项目投标策略

1. 不平衡报价法

所谓不平衡报价是相对于常规的平衡报价而言的，是在总的报价保持不变的前提下，与正常水平相比，提高某些分项工程的单价，同时，降低另外一些分项工程的单价，以期在工程结算时得到更理想的经济效益。

(1)不平衡报价的原则　不平衡报价的原则，就是在保持正常报价水平条件下的总报价不变，在此基础上，早收钱、多收钱。早收钱，是通过参照工期时间进行合理调整单价后得以实现的。而多收钱，是通过参照分项工程数量进行合理调整单价后得以实现的。

(2)不平衡报价法的经验和技巧

①能够早日结账项目(如基础工程、土方开挖、桩基等)可以报得较高，以利资金周转，后期工程项目(如机电设备安装、装饰工程等)可报价较低。

②经过工程量核算，预计今后工程量会增加的项目，单价适当提高。反之，将工程量可能会减少的项目单价降低。

前两种情况要统筹考虑，如果预计工程量会减少，则不能盲目抬高单价，应具体分析后再定。

③设计图纸不明确，估计修改后工程量要增加的，可以提高单价，而工程内容说不清楚的，则可以降低一些单价。

④暂定项目又称为任意项目或选择项目，对这类项目要做具体分析，因这一类项目要开工后由业主研究决定是否实施，由哪一家承包商实施。如果工程不分标，只由一家承包商施工，则其中肯定要做的项目单价可高些，不一定要做的项目单价则应低一些。如果工程分标，该暂定项目也可能由其他承包商施工时，则不宜报高价，以免抬高总报价。

⑤单价包干混合制合同中，业主要求有些项目采用包干报价时，宜报高价。一则这类项目多半有风险，二则这类项目在完成后可全部按报价结账，即可以全部结算回来。而其余单价项目则可适当降低报价。

⑥有的招标文件要求对工程量大的项目提供“单价分析表”，投标时可将单价分析表中的人工费及机械设备费报得较高，而将材料费算得较低。

⑦在议标时承包商一般都要压低标底。这时应该压低那些工程量小的单价，这样即使压低了很多个单价，总的标价也不会降低很多，而给业主的感觉却是工程量清单上单价大幅度下降，承包商很有让利的诚意。

⑧如果是单纯报计日工或计划台班机械单价，可以高些，以便在日后业主用工或使用机

械时可多盈利。但如果计日工表中有一个假定的“名义工程量”时，则需要具体分析是否报高价，以免抬高总报价。总之，要分析业主在开工后，可能使用的计日工数量，确定报价技巧。

2. 多方案报价法

这是利用工程说明书或合同条款不够明确之处，以争取达到修改工程说明书和合同为目的的一种报价方法。

具体做法是在标书上报两个单价，一是按原工程说明书和合同款，报一个价格；二是加以注解“如工程说明书或合同款可做某些改变时，则可降低多少的费用”，以吸引业主。

3. 增加建议方案报价法

投标人可以提出一个建议方案，即可以修改原设计方案，最后根据自己的方案对原设计方案和建议的方案，都进行报价。

多方案报价是通过变动招标文件某条款降低总价，吸引业主，但对原方案也应报价，增加建议方案是通过建议设计方案降低总价或缩短工期，以吸引业主。

4. 先亏后盈法

先亏后盈法有人称之为拼命法。这种方法是为了想方设法占领某一市场或想在某一地区打开局面，而采用的一种不惜代价，只求中标的手段。这种方法标价低到其他承包商无法与之竞争的地步，力争中标。其着眼于将来，在未来工程的投标中，凭借已中标工程的经验、临时设施、创立的信誉以及和业主建立的友好合作的关系，比较容易取胜。

5. 突然降价法

突然降价法又称作突然袭击法，这是一种迷惑对手的竞争手段。报价是一件保密工作，但竞争对手之间往往通过各种渠道来刺探情报，绝对保密是很难做到的，所以可在报价时采用迷惑对手的手法。即先按一般情况报价或表现出自己对该工程兴趣不大，到快要投标截止时间时，突然降价。

6. 其他报价法

(1)扩大标价法　这是一种常用的报价方法，即除了按正常的已知条件编制标价以外，对工程变化较大或没有把握的工作，采用扩大标价，增加“不可预见费”的方法来减少风险。

(2)联合保标法　当竞争对手较多时，可采取联合保标法。即几家实力雄厚的承包商联合起来控制标价，以一家出面多家保的办法，达到中标的目的，然后再进行二次、三次招标投标时，将有些工程转让给二包施工。这种做法在国际上是常见的。

三、任务实施

(1)师生共同阅读并分析招标文件的具体内容及要求。

(2)根据招标文件编制具体要求，结合项目实际选择合适的投标策略。

四、学习评价

学习评价标准	分值	教学评价			总评
		小组评价 40%	学生自评 20%	教师评价 40%	
招投标的程序	20				
合理选择投标策略	20				
自学能力	20				
完成任务态度	20				
出勤情况	20				
小计	100				

五、复习思考

1. 招标方式有哪些？各自的优缺点是什么？
2. 招投标的基本流程是什么？
3. 常见的投标策略有哪些？

六、总结

重点：招投标的流程。
难点：投标策略的选择。

工作任务二　编制投标文件

一、任务描述

任务说明

1. 教师提供园林工程实例，分析招标文件，编制投标书。

2. 学习投标文件的内容及具体的编制方法。

任务要求

结合工程项目实例，了解投标文件的基本内容，掌握投标文件的编制方法。

二、相关知识

投标文件由商务标、技术标及资格审查资料组成。

(一)商务标的基本内容

商务标的基本内容如下：

(1)投标函；

(2)法定代表人身份证明书；

(3)投标文件签署授权委托书；

(4)投标保证金缴纳成功回执单；

(5)已标价的工程量清单；

(6)项目管理机构配备情况表；

(7)项目负责人简历表；

(8)项目技术负责人简历表；

(9)项目管理机构配备情况辅助说明资料；

(10)招标文件要求投标人提交的其他投标资料。

(二)技术标的主要内容

技术标的主要内容如下：

(1)确保基础工程的技术、质量、安全及工期的技术组织措施；

(2)各分部分项工程的主要施工方法及施工工艺；

(3)拟投入本工程的主要施工机械设备情况及进场计划；

(4)劳动力安排计划；

(5)主要材料投入计划安排；

(6)确保工程工期、质量及安全施工的技术组织措施；

(7)确保文明施工及环境保护的技术组织措施；

(8)质量通病的防治措施；

(9)季节性施工措施；

(10)计划开工、竣工日期和施工平面图、施工进度计划横道图及网络图。

(三)资格审查的基本内容

资格审查是指招标人对资格预审申请人或投标人的经营资格、专业资质、财务状况、技术能力、管理能力、业绩、信誉等方面进行评估审查，以判定其是否具有参与项目投标和履行合同的资格及能力的活动。资格审查既是招标人的权利，也是招标项目的必要程序，它对于保障招标人和投标人的利益具有重要作用。

资格审查分为资格预审和资格后审，资格预审是招标人通过发布资格预审公告，向不特定的潜在投标人发出投标邀请，由招标人或者由其依法组建的资格审查委员会按照资格预审文件确定的审查方法、资格条件以及审查标准，对资格预审申请人的经营资格、专业资质、财务状况、类似项目业绩、履约信誉等条件进行评审，以确定通过资格预审的申请人。未通过资格预审的申请人，不具有投标的资格。资格预审的方法包括合格制和有限数量制。一般情况下应采用合格制，潜在投标人过多的，可采用有限数量制。资格后审是在开标后由评标委员会对投标人进行的资格审查。采用资格后审时，招标人应当在开标后由评标委员会按照招标文件规定的标准和方法对投标人的资格进行审查。资格后审是评标工作的一个重要内容。对资格后审不合格的投标人，评标委员会应否决其投标。

资格审查资料一般包括以下基本内容：

(1)投标人的组织机构和法律地位；

(2)过去三年中每年完成的施工总额；

(3)过去十年中作为承包人完成的类似性质和规模的工程的《近期完成的类似工程情况表》《正在施工的和新承接的工程情况表》；

(4)拟投入本合同工作的主要施工设备表；

(5)拟投入的为实施本合同的主要人员资格证明和经验证明；

(6)拟分包的合同和涉及的公司；

(7)过去三年的财务报告；

(8)为满足资格要求的有关资金来源的证明；

(9)投标人开户行的名称、地址、电话及授权书；

(10)投标人目前涉及的诉讼案件或仲裁的资料。

三、任务实施

(1)师生共同阅读并分析招标文件的具体内容及要求。

(2)根据招标文件编制具体要求，整理并组织材料，完成投标书的编制。

四、学习评价

学习评价标准	分值	教学评价			总评
		小组评价 40%	学生自评 20%	教师评价 40%	
投标文件的组成	20				
能够编制投标书	20				
自学能力	20				
完成任务态度	20				
出勤情况	20				
小计	100				

五、复习思考

1. 投标文件包括哪几部分内容?
2. 商务标的基本内容是什么?
3. 技术标的基本内容是什么?

六、总结

重点:投标文件的具体内容。

难点:根据招标文件具体要求,编制投标书。

工作任务三　开标、评标、定标、中标

一、任务描述

任务说明

1. 根据招标文件要求，了解开标流程及注意事项，针对工作任务二完成的投标书进行评标打分，确定中标人。

2. 了解开标的基本流程，掌握常用的评标方法。

任务要求

结合工程项目实例，了解开标的基本流程，掌握投标文件的评标方法。

二、相关知识

（一）开标流程及注意事项

开标是招标活动中的一项重要程序，也是招标投标活动中公开原则的重要体现。

1. 开标流程

（1）宣布开标纪律　主持人宣布开标纪律，对参与开标会议的人员提出要求，比如涉密项目的开标，应在进入开标会场前将通信设备交由工作人员统一保管；按规定的方式提问；任何单位和个人不得干扰正常的开标程序。

（2）确定投标人代表是否在场　招标人或委托的招标代理机构按照招标文件的规定，当场核验参加开标会议的投标人代表的授权委托书和有效身份证件，确认其是否有权参加开标会，并留存授权委托书和身份证件的复印件。

（3）公布接受投标文件情况　招标人或委托的招标代理机构当场公布投标截止时间前提交投标文件（投标书）的投标人名称、投标标包和递交时间等，以及投标人撤回投标情况等。

（4）宣布与会人员　主持人介绍招标人代表、监督人代表，依次宣布开标人、唱标人、记录人、监标人等有关人员。

（5）检查密封　依据招标文件规定的方式，组织投标人代表检查各自投标文件的密封情况。如果投标文件密封状况与接收时不一致，或者存在拆封痕迹的，招标人或委托的招标代理机构应当终止开标。

（6）宣布开标顺序　主持人宣布开标顺序。一般应按招标文件规定的顺序开标，如按照“先到先开”或“抽签”的顺序。

（7）唱标　当众拆封投标文件，依次宣读投标人投标文件正本“开标一览表”中的投标人名称、投标报价，以及由招标文件规定的其他必要内容。

(8)确认开标记录　开标工作人员应做好书面开标记录，如实、完整记录以下内容：

①开标时间、地点；

②招标项目名称；

③投标人名称；

④密封检查情况；

⑤投标报价；

⑥开标过程中需要说明的其他问题。

2. 注意事项

(1)开标会议开始　招标人或委托的招标代理机构应当在投标截止时间的同一时间和招标文件规定的开标地点组织公开开标。应邀请所有投标人参加开标会议，也可邀请纪律检查机关和审计部门的人员到场进行检查监督。

(2)签字　投标人代表在开标记录上签字确认不是强制性要求。投标人未派代表出席的，视为其认同记录内容。

(3)错误及更正　唱标过程中如果投标文件中的报价出现算术错误，按照以下方法更正：

①开标唱读内容与投标文件不一致的，均以公开唱标为准；

②投标文件的大小写金额不一致的，以大写金额为准；

③总价金额与单价汇总金额不一致的，以单价金额计算结果为准；

④单价金额小数点有明显错位的，应以总价为准，并修改单价。

(4)异议　投标人对开标有异议的，应当场提出，唱标人应当场核实并予以答复，如发生工作人员或其他失误，应当场纠正。招标人及监管机构代表等不应在开标现场对投标文件是否有效做出判断，应提交评标委员会评定。

(5)录音录像　开标会议应全程录音录像，音像资料应当清晰可辨，并作为招标文件一并存档。

(二)评标方法

1. 单项评议法

单项评议法又称单因素评议法、低标价法，是一种只对投标人的投标报价进行评议从而确定中标人的评标定标方法，主要适用于小型工程。

单项评议法的主要特点是仅对价格因素进行评议，不考虑其他因素，报价低的投标人中标。当然，这里未考虑的其他因素，实际上在资格审查时已获通过，只不过不作为评标定标时的考虑因素，因而也不是投标人竞争成败的决定性因素。

采用单项评议法评标定标，决定成败的唯一因素是标价的高低。但不能简单地认为，标价越低越能中标。一般的做法是，通过对投标书进行分析、比较，经初审后，筛选出低标价，通过进一步的澄清和答辩，经终审证明该低标价确实是切实可行、措施得当的合理低标价的，则确定该合理低标价中标。合理低标价不一定是最低投标价。所以，单项评议法可以是最低投标价中标，但并不是说最低投标价必然中标。

采用单项评议法对投标报价进行评议的方法多种多样，主要有以下3类具有代表性的模式：

(1)将投标报价与标底价相比较的评议方法　这种方法是将各投标人的投标报价直接与经招标投标管理机构审定后的标底价相比较，以标底价为基础来判断投标报价的优劣，经评标被确认为合理低标价的投标报价即能中标。

(2)将各投标报价相互进行比较的评议方法　从纯粹择优的角度看，可以对投标人的投标报价不做任何限制、不附加任何条件，只将各投标人的投标报价相互进行比较，而不与标底相比，经评标确认投标报价属最低价或次低价的(即为合理低标价的)，即可中标。

这种对投标报价的评议方法，优点是给了投标人充分自主报价的自由，标底的保密性不成问题，评标工作也比较简单。不足之处是，招标人无需编制标底，或虽有标底但形同虚设，不起什么作用，因而导致投标人对投标报价的预期和认同心中无数，事实上处于一种盲目状态，很难说清楚是否科学、合理。而投标人为了中标常常会进行竞相压价的恶性竞争，也极易形成串通投标。

(3)标底价结合投标人报价因素进行比较的评议方法　这种方法的特点是要借助于一个可以作为评标定标参照物的价格。这个在评标定标中作为参照物的价格，是指投标报价最接近于该价时便能中标的价格，称之为“最佳评标价”。

2. 综合评议法

综合评议法是对价格、施工组织设计(或施工方案)、项目经理的资历和业绩、质量、工期、信誉和业绩等因素进行综合评价从而确定中标人的评标定标方法。它是适用最广泛的评标定标方法，各地通常都采用这种方法。

综合评议法按具体分析方式的不同，可分为定性综合评议法和定量综合评议法。

(1)定性综合评议法(评议法)　定性综合评议法又称评议法。通常的做法是，由评标组织对工程报价、工期、质量、施工组织设计、主要材料消耗、安全保障措施、业绩、信誉等评审指标，分项进行定性比较分析，综合考虑，经评议后，选出其中被大多数评标组织成员认为各项条件都比较优良的投标人为中标人，也可用记名或无记名投票表决的方式确定中标人。定性评议法的特点是不量化各项评审指标。它是一种定性的优选法。采用定性综合评议法，一般要按从优到劣的顺序，对各投标人排列名次，排序第一名的即为中标人。但当投标人超过一定数量(如在5家以上)时，可以选择排序第二名的投标人为中标人。

采用定性综合评议法，有利于评标组织成员之间的直接对话和交流，能充分反映不同意见，在广泛深入地开展讨论、分析的基础上，集中大多数人的意见，一般也比较简单易行。但这种方法，评议标准弹性较大，衡量的尺度不具体，各人的理解可能会相去甚远，造成评标意见差距过大，会使评标决策左右为难，不能让人信服。

(2)定量综合评议法(打分法)　定量综合评议法又称打分法、百分制计分评议法(百分法)。通常的做法是，事先在招标文件或评标定标办法中将评标的内容进行分类，形成若干评价因素，并确定各项评价因素在百分之内所占的比例和评分标准，开标后由评标组织中的每位成员按照评分规则，采用无记名方式打分，最后统计投标人的得分，得分最高者(排序第一名)或次高者(排序第二名)为中标人。

采用定量综合评议法，原则上实行得分最高的投标人为中标人。但当招标工程在一定限额(如1 000万元)以上，最高得分者和次高得分者的总得分差距不大(如差距仅在2分之内)，且次高得分者的报价比最高得分者的报价低到一定数额(如低于2%)的，可以选择次高得分者为中标人。对此，在制定评标定标办法时，应做出详尽说明。

定量综合评议法的主要特点是要量化各评审因素。对各评审因素的量化是一个比较复杂的问题，各地的做法不尽相同。从理论上讲，评标因素指标的设置和评分标准分值的分配，应充分体现企业的整体素质和综合实力，准确反映公开、公平、公正的竞标规则，使质量好、信誉高、价格合理、技术强、方案优的企业能中标。

3. 合理低价评标法

“合理低价评标法”应该是对“最低价中标”评标法的一次扬弃，存其优化竞争的一面，弃其不能排除恶性竞争的一面，达到有序竞争的目的。在目前，如何把低于成本的恶性竞价排除在投标价之外，是“合理低价评标法”面临的主要任务。因此可以认为，“合理低价评标法”是在各投标人满足招标文件实质性要求的前提下，在不低于企业个别成本的报价中，选择最低报价投标候选人中标的评标法。同时，也要考虑到不能排除企业追求其他发展目的，尤其是新兴企业或扩张企业，或训练人员，或占领区域性市场，暂时低于成本投标，然后通过学习曲线和规模经济来降低成本，取得优势。对于其中的“企业个别成本”应做动态的理解。如果企业能够证明其低报价是理性计算以后的行为，即使暂时低于成本，理论上也应该接受，以获取双赢。为了准确界定合理低价，可以从以下几个方面入手。

(1)投标总价　目前采用工程量清单招标，投标总价仍然是一个很重要的评价因素，它是投标人结合工程特点和自身情况自主报价的汇总，是投标人报价水平的综合反映，也是招标人控制工程造价的依据，但前提是必须在对报价文件进行计算审核后才能评定。具体方法是：①无标底时，以有效投标人报价的平均值为基准价制定经济标评审的合理范围，超出此范围的投标报价视为不合理。②有标底(社会平均水平)时，可上浮一定比例制定一个最高控制线，下浮一定比例制定一个最低控制线，凡投标报价超出控制线的投标人，不再参与评标。评标时按照评标办法规定的评审内容、指标和合理范围标准，评审出合理的投标报价、投标总价最低的投标人为中标候选人。

(2)综合单价　在定额计价模式下，由政府主管部门制定的消耗指标和基础单价，不能真实反映投标人的个别成本和价格水平，招投标双方不能自主定价，除政府规定和设计变更外，工程造价与工程量一般都不准调整，实际上仅用投标总价反映工程项目的价格水平。而工程量清单招标一般遵守“中标后，综合单价不变，工程量按实调整”的原则，投标总价并不能真实反映工程价格水平。因此，必须增加对投标人的综合单价进行分析和评审的环节，以便及时发现不平衡的报价因素，避免实施中和结算时埋下隐患，损害某方的利益。具体评标办法可按上述投标总价的评标办法。

三、任务实施

(1)根据开标流程，模拟开标程序，做好开标记录。

(2)根据招标文件中的评标细则对投标文件进行打分，确定中标人。

四、学习评价

学习评价标准	分值	教学评价			总评
		小组评价 40%	学生自评 20%	教师评价 40%	
开标程序规范	20				
评标打分正确	20				
自学能力	20				
完成任务态度	20				
出勤情况	20				
小计	100				

五、复习思考

1. 开标的基本流程是什么？开标有哪些注意事项？
2. 简述常用的评标方法。

六、总结

重点:(1)开标的基本程序。

(2)开标的注意事项。

难点:根据招标文件中的评标细则对投标文件打分。

项目一总结

本项目的目的是使学生了解招投标的基本程序和招投标文件的基本内容，掌握投标文件的编制方法及投标策略。能够根据具体的工程项目，选择合适的投标策略，编制投标书，参与投标活动。

案例分析

某园林工程项目，经过有关部门批准后，决定由业主自行组织施工公开招标，因考虑除本省市施工企业参加投标外，还可能有外省市施工企业参加投标，因此业主委托咨询公司编制了 2 个标底，准备分别用于对本省市和外省市施工企业投标的评定，并在当地大街小巷发布了招标公告。

业主要求将技术标和商务标分别封装。某施工企业在标书封口处加盖了本单位的公章，有项目经理签字，但无授权委托书，在投标截止日期的前一天将投标文件报送业主，当天下午，该企业又递交了一份补充材料，声明将原报价降低 5%，但是业主的有关人员认为，一个施工企业不得递交 2 份投标文件，因而拒收了补充材料。

开标会议由市招标管理机构主持，市公证处有关人员到会。开标前，有一投标文件没有密封，并确认所有投标文件均有效后正式开标。

评标委员会共有 6 人组成，其中公证处 1 人，招标人 1 人，技术经济专家 4 人。评标委员会推荐了 3 名中标候选人。

没有不可抗力等特殊情况，招标人决定排名第二候选人为中标人。某企业中标，招标人于 3 月 15 日向其发出了中标通知书，双方于 4 月 17 日签订了书面合同。

招标工作主要内容如下：①发出投标邀请函；②发售招标文件；③进行资格预审；④召开答疑会议；⑤组织现场勘察；⑥接收投标文件；⑦开标；⑧确定中标单位；⑨评标；⑩发出中标通知书；⑪签订施工合同。

问题：

1. 该项目招投标过程中有哪些不妥之处？请逐一列举，并说明理由。
2. 招标工作的内容是否正确？如果不正确，请改正，并排出正确顺序。

Project 2

园林工程项目施工准备与设计

项目引言

园林工程施工组织设计是以园林工程项目为对象编制的，用以指导其建设全过程中各项施工活动的技术、经济、组织、协调和控制的综合性文件。若施工图设计是解决建造什么样的园林工程，则施工组织设计就是解决如何建造的问题。每一个工程项目都必须根据工程特点与施工条件来编制施工组织设计。它是对施工活动实行科学管理的重要手段。

施工组织设计分为投标前的施工组织设计和中标后的施工组织设计。前者起到“项目管理规划大纲”的作用，满足编制投标文件和签订合同的需要；后者起到“项目管理实施规划”的作用，满足施工准备和指导施工的需要。本项目是以中标后实施性施工组织设计为例，从其四项基本内容：施工准备计划、施工方案、施工进度计划、施工总平面布置出发讲解“中标后施工组织设计”的编制内容、方法。

学习目标

了解 施工组织设计编制的原则和依据。

熟悉 施工准备工作内容。

掌握 主要工程施工方案的拟定、施工进度计划的编排、施工平面布置图的绘制。

能够 完成中标后园林工程施工组织设计的编制。

工作任务一　施工准备

一、任务描述

任务说明

1. 教师提供园林工程实例，分析施工准备工作的内容。

2. 学习施工准备计划各工作的具体内容。

任务要求

根据园林工程总平面图和招投标文件，会编制施工准备计划。

二、相关知识

园林工程施工准备工作是对设计图纸和施工现场确认核实后进行的施工准备。它是为拟建园林工程的各个施工环节创造必要的技术和物资条件，统筹安排各种资源和布置施工现场，确保工程施工顺利进行的重要环节。认真细致地做好施工准备工作，对充分发挥各方面的积极因素、合理利用资源、加快施工速度、提高工程质量、确保施工安全、降低工程成本及获得较好经济效益都起着重要的作用。

(一)施工准备工作的分类

1. 按施工准备工作的范围不同分类

按园林工程项目施工准备工作的范围不同，可以将其分为全场性施工准备，单位工程施工条件准备和分部分项工程作业条件准备等 3 种。

(1)全场性施工准备　全场性施工准备是以一个施工工地为对象而进行的各项施工准备。其特点是准备工作的目的、内容都是为全场性施工服务的，它不仅要为全场性的施工活动创造有利条件，而且还要兼顾单位工程施工条件的准备。

(2)单位工程施工条件准备　单位工程施工条件准备是以一个建筑物或构筑物为对象而进行的施工条件准备工作。其特点是准备工作的目的、内容都是为单位工程施工服务的，在为单位工程施工做好准备的同时，也要为分部分项工程做好施工准备。

(3)分部分项工程作业条件准备　分部分项工程作业条件准备是以一个分部分项工程或者冬雨季施工项目为对象进行的作业条件准备。

2. 按拟建工程所处的施工阶段不同分类

按拟建工程所处的施工阶段不同，可以将其分为开工前的施工准备和各施工阶段前的施工准备等两种。

(1)开工前的施工准备　开工前的施工准备是在拟建工程正式开工前所进行的一切施工准备工作。其目的是为拟建工程正式开工创造必要的施工条件。它既可能是全场性的施工准备，又可能是单位工程施工条件的准备。

(2)各施工阶段前的施工准备　各施工阶段前的施工准备是在拟建工程正式开工之后，每个施工阶段开工前所进行的一切施工准备工作。其目的是为施工阶段开工创造必要的施工条件。如园林绿化工程乔灌木种植或草坪种植等不同施工阶段所做的施工准备工作。

综上所述，施工准备工作贯穿于整个施工过程，不仅在拟建工程正式开工前要做好施工准备工作，而且随着工程施工的进展，在各施工阶段开始前也要做好相应的准备工作。施工准备工作既要有阶段性，又要有连贯性，因此它是有组织、有计划、有步骤、分阶段地贯穿于整个工程建设的始终。

3. 按施工准备工作的内容不同分类

按园林工程项目施工准备工作的内容不同，可以将其分为技术准备、物资准备、劳动组织准备、施工现场准备和施工场外协调等五种。

(二)施工准备工作的内容

园林工程项目施工准备工作按其内容通常包括技术准备、物资准备、劳动组织准备、施工现场准备和施工场外协调。

1. 技术准备

技术准备是施工准备的核心。施工中任何技术上的差错都可能危及施工人员人身安全和造成质量隐患或事故，从而带来生命、财产的巨大损失，因此必须认真做好技术准备工作。具体内容如下：

(1)熟悉、审查施工图纸和有关的设计资料

①熟悉、审查施工图纸的内容。

a. 检查设计图纸是否完整、齐全；

b. 检查图纸与其各组成部分之间有无矛盾和错误；

c. 检查建筑总平面图与其他结构图在几何尺寸、坐标、标高、说明等方面是否一致；

d. 检查图纸的技术要求是否正确；

e. 审查设计图纸中的工程复杂、施工难度大和技术要求高的分部分项工程或特殊结构、新材料、新工艺。

②熟悉、审查施工图纸的程序。审查施工图纸通常分为自审阶段、会审阶段和现场签证阶段。

a. 自审阶段：施工单位收到拟建园林工程的中标通知书后，应尽快组织工程技术人员熟悉、研究技术资料和图纸，写出自审图纸的记录，记录应包括对设计图纸的疑问和有关建议。

b. 会审阶段：图纸会审由建设单位主持，设计、施工和监理单位参加。首先由设计单位向与会者说明拟建园林工程的设计依据、意图和功能要求，并对特殊结构、新材料、新工艺和新技术提出设计要求；然后施工单位根据自审记录以及对设计意图的理解，提出对设计图纸的疑问和建议；最后在统一认识的基础上，对所探讨的问题逐一做好记录，形成“图纸会审纪要”，由建设单位正式行文，四方共同会签、盖章，作为与设计文件同时使用的技术文件以及指导施工和工程结算的依据。

c. 现场签证阶段：在园林工程施工过程中，如果发现施工条件与设计图纸的条件不符，或发现图纸中有错误，或因为材料的规格、质量不能满足设计要求，或因为施工单位提出了合理化建议等，需要对设计图纸进行及时修订时，应遵循技术核定和设计变更的签证制度，进行图纸的施工现场签证。在施工现场的图纸修改、技术核定和设计变更资料，都要有正式

的文字记录，归入施工档案，作为指导施工、竣工验收和工程结算的依据。

(2)原始资料的调查分析　要想做好施工准备工作，除了要掌握有关拟建园林工程的书面资料外，还应该进行实地勘测和调查，获得有关数据的第一手资料。这对于拟定一个先进合理、切合实际的施工组织设计也是非常必要的。因此应该做好以下几个方面的调查分析：

①自然条件的调查分析。建设地区自然条件的调查分析的主要内容有：地区水准点和绝对标高等情况；地质构造、土的性质和类别、地基土的承载力、地震级别和裂度等情况；河流流量和水质、最高洪水和枯水期的水位等情况；地下水位的高低变化情况，含水层的厚度、流向、流量和水质等情况；气温、雨、雪、风和雷电等情况；土的冻结深度和冬雨季的期限等情况。气象、地形、地质和水文调查表见表 2-1-1。

表 2-1-1　气象、地形、地质和水文调查表

项目	调查内容	调查目的
气温	1. 年平均最高、最低温度，最冷、最热月份的逐日平均温度 2. 冬、夏季室外计算温度 3. ≤−3 ℃、≤0 ℃、≤5 ℃的天数、起止时间	1. 确定防暑降温的措施 2. 确定冬期施工措施 3. 估计混凝土、砂浆强度
雨(雪)	1. 雨季起止时间 2. 月平均降雨(雪)量、最大降雨(雪)量、一昼夜最大降雨(雪)量 3. 全年雷暴日数	1. 确定雨期施工措施 2. 确定工地排水、防洪方案 3. 确定工地防雷设施
风	1. 主导风向及频率(风玫瑰图) 2. ≥8 级风的全年天数、时间	1. 确定临时设施的布置方案 2. 确定高空作业及吊装的技术安全措施
地形	1. 区域地形图：1/10 000～1/25 000 2. 工程位置地形图：1/1 000～1/2 000 3. 该地区城市规划图 4. 经纬坐标桩、水准基桩位置	1. 选择施工用地 2. 布置施工总平面图 3. 场地平整及土方量计算 4. 了解障碍物及其数量
地质	1. 钻孔布置图 2. 地质剖面图：土层类型、厚度 3. 物理力学指标：天然含水量、孔隙率、塑性指数、渗透系数、压缩试验及地基土强度 4. 底层的稳定性：断层滑块、流沙 5. 最大冻结深度 6. 地基土破坏情况，钻井、古墓、防空洞及地下构筑物	1. 土方施工方法的选择 2. 地基土的处理方法 3. 基础施工方法 4. 复核地基基础设计 5. 拟定障碍物拆除方案
地震	地震等级	确定对基础的影响、注意事项
地下水	最高、最低水位及时间 2. 水的流速、流向、流量 3. 水质分析，水的化学成分 4. 抽水试验	1. 基础施工方案选择 2. 降低地下水的方法 3. 拟定防止侵蚀性介质的措施
地面水	1. 邻近江河湖泊距工地的距离 2. 洪水、平水、枯水期的水位、流量及航道深度 3. 水质分析 4. 最大、最小冻结深度及冻结时间	1. 确定临时给水方案 2. 确定施工运输方案 3. 确定水利工程施工方案 4. 确定工地防洪方案

②技术经济条件的调查分析。建设地区技术经济条件的调查分析的主要内容有：地方建筑施工企业的状况；施工现场的动迁状况；当地可利用的地方材料状况；国拨材料供应状况；地方能源和交通运输状况；地方劳动力和技术水平状况；当地生活供应、教育和医疗卫生状况；当地消防、治安状况和参加施工单位的力量状况。各调查表参见表 2-1-2 至表 2-1-8。

表 2-1-2　地方建筑施工企业情况调查表

序号	企业名称	产品名称	单位	规格	质量	生产能力	生产方式	出厂价格	运距	运输方式	单位运价	备注
1												
⋮												

注：1. 企业名称按构件厂，木工厂，商品混凝土厂，门窗厂，设备、脚手架、模板租赁厂，金属结构厂，采料厂，砖、瓦、灰厂等填列。

2. 这一调查可向当地计划、经济或主管建筑企业机关进行。

表 2-1-3　地方资源情况调查表

序号	材料名称	产地	储藏量	质量	开采量	出厂价	开发费	运距	单位运价
1									
⋮									

注：材料名称按块石、碎石、砾石、沙、工业废料等填列。

表 2-1-4　交通运输条件调查表

序号	项目	调查内容	调查目的
1	铁路	1. 邻近铁路专用线、车站至工地的距离及沿途运输条件 2. 站场卸货线长度，起重能力和储存能力 3. 装载单个货物的最大尺寸、重量的限制 4. 运费、装卸费和装卸力量	1. 选择施工运输方式 2. 拟定施工运输计划
2	公路	1. 主要材料产地至工地的公路等级，路面构造宽度及完好情况，途经桥涵等级，允许最大载重量 2. 当地专业运输机构及附近村镇能提供的装卸、运输能力，汽车、畜力车、人力车的数量及运输能力，运费、装卸费 3. 当地有无汽车修配厂，修配能力和至工地距离	
3	航运	1. 货源、工地至邻近河流、码头渡口的距离，道路情况 2. 洪水、平水、枯水期时，通航的最大船只及号位，取得船只的可能性 3. 码头装卸能力，最大起重量，增设码头的可能性 4. 渡口的渡船能力，同时可载汽车数，每日次数，能为施工提供的能力 5. 运费、渡口费、装卸费	

表 2-1-5　水、电源和其他动力条件调查表

序号	项目	调查内容	调查目的
1	给排水	1. 工地用水与当地现有水源连接的可能性、可供水量、接管地点、管径、管材、埋深、水压、水质、水费，至工地距离，沿途地形、地物状况 2. 自选临时江河水源的水质、水量，取水方式，至工地距离，沿途地形、地物状况，自选临时水井的位置、深度、管径、出水量和水质 3. 利用永久性排水设施的可能性，施工排水的去向、距离和坡度，有无洪水影响，防洪设施状况	1. 确定施工及生活供水方案 2. 确定工地排水方案和防洪设施 3. 拟定给排水设施的施工进度计划
2	供电与通信	1. 当地电源位置，引入的可能性，可供电的容量、电源、导线截面和电费，引入方向，接线地点及其至工地距离，沿途地形、地物的状况 2. 建设单位和施工单位自有的发电、变电设备的型号、台数和容量 3. 利用邻近通信设施的可能性，可能增设通信设备、线路的情况	1. 确定施工供电方案 2. 确定施工通信方案 3. 拟定供电、通信设备的施工进度计划
3	蒸汽等	1. 蒸汽来源，可供蒸汽量，接管地点，管径、埋深，至工地距离，沿途地形、地物状况，蒸汽价格 2. 建设单位和施工单位自有锅炉的型号、台数和能力，所需燃料和水质标准 3. 当地或建设单位可能提供的压缩空气、氧气的能力，至工地的距离	1. 确定施工及生活用气方案 2. 确定压缩空气、氧气的供应计划

表 2-1-6　主要设备、材料和特殊物资调查表

序号	项目	调查内容	调查目的
1	三材	1. 钢材订货的规格、钢号、数量 2. 木材订货的规格、等级、数量 3. 水泥订货的品种、标号、数量	1. 确定临时设施和堆放场地 2. 确定木材加工计划 3. 确定水泥储存方式
2	特殊材料	1. 需要的品种、规格、数量 2. 试制、加工和供应情况	1. 制定供应计划 2. 确定储存方式
3	主要设备	1. 主要工艺设备名称、规格、数量和供货单位 2. 分批和全部到货时间	1. 确定临时设施和堆放场地 2. 拟定防雨措施

表 2-1-7　社会劳动力和生活设施调查表

序号	项目	调查内容	调查目的
1	社会劳动力	1. 少数民族地区的风俗习惯 2. 当地能提供的劳动力人数、技术水平和来源 3. 上述人员的生活安排	1. 拟定劳动力计划 2. 安排临时设施
2	房屋设施	1. 必须在工地居住的单身人数和户数 2. 能作为施工用的现有的房屋栋数，每栋面积，结构特征，总面积，位置，水、暖、电、卫设备状况 3. 上述建筑物的适宜用途，用作宿舍、食堂、办公室的可能性	1. 确定现有房屋为施工服务的可能 2. 安排临时设施
3	周围环境	1. 主副食品供应，日用品供应，文化教育，消防治安等机构为施工提供的支援能力 2. 邻近医疗单位至工地的距离，可能就医的情况 3. 当地公共汽车、邮电服务情况 4. 周围是否存在有害气体、污染情况，有无地方病	安排职工生活基地，解除后顾之忧

表 2-1-8　参加施工的各单位(含分包)生产能力情况调查表

序号	项目	调查内容	调查目的
1	工人	1. 工人的总数、各专业工种的人数、能投入本工程的人数 2. 专业分工及一专多能情况 3. 定额完成情况	1. 了解总、分包单位的技术、管理水平 2. 选择分包单位 3. 为编制施工组织设计提供依据
2	管理人员	1. 管理人员总数，各种人员比例及人数 2. 工程技术人员的人数，专业构成情况	
3	施工机械	1. 名称、型号、规格、台数及其新旧程度(列表) 2. 总装配程度，技术装备率和动力装备率 3. 拟增购的施工机械明细表	
4	施工经验	1. 历史上曾经施工过的主要工程项目 2. 习惯采用的施工方法，曾采用的先进施工方法 3. 科研成果和技术更新情况	
5	主要指标	1. 劳动生产率指标：产值、产量，全员劳动生产率 2. 质量指标：产品优良率及合格率 3. 安全指标：安全事故频率 4. 利润成本指标：产值、资金利用率、成本计划实际降低率 5. 机械设备完好率、利用率和效率	

(3)编制施工图预算和施工预算

①编制施工图预算。施工图预算是技术准备工作的主要组成部分之一。它是按照施工图纸确定的工程量、施工组织设计拟定的施工方法、园林工程预算定额及其取费标准，由施工单位编制的确定园林工程造价的经济文件。它是施工企业签订工程承包合同、工程结算、建设银行拨付工程价款、进行成本核算、加强经营管理等方面工作的重要依据。

②编制施工预算。施工预算是编制实施性成本计划的主要依据。它是施工企业为了加

强企业内部经济核算，在施工图预算的控制下，依据企业的内部施工定额，根据施工图纸、施工定额、施工及验收规范、标准图集、施工组织设计(施工方案)编制的单位工程施工所需要的人工、材料、施工机械台班用量的技术经济文件。它是施工企业的内部文件，同时也是施工企业进行劳动调配、物资计划供应、控制成本开支，进行成本分析和班组经济核算的依据。

(4)编制施工组织设计　施工组织设计是施工准备工作的重要组成部分，也是指导施工现场全部施工活动的技术经济文件。根据进一步掌握的情况和资料，对投标时初步拟定的施工方案和技术组织措施等进行重新分析和深入研究，编制出一份详尽的更符合施工现场实际情况的实施性施工组织设计。

2. 物资准备

园林工程项目建设过程所需要的各种材料、构配件、机械设备是保证施工顺利完成的必要物质基础，这些物资的准备工作应当在开工前一一落实。

(1)物资准备工作内容

①土建材料的准备；

②绿化材料的准备；

③构(配)件、预制加工件的准备；

④园林施工机具的准备(表 2-1-9)。

表 2-1-9　主要园林施工机械设备投入量计划表

序号	机械设备名称	型号规格	数量	制造年份	额定功率/kW	生产能力	用于施工项目
1	装载机						土方工程
2	挖掘机						土方工程
3	自卸卡车						土方工程
4	翻斗车						土方工程
5	运输车						苗木栽植 面层铺装成品安装
6	插入式振动机						砼工程
7	蛙式打夯机						基础工程
8	压路机						铺装基础
9	吊车						苗木栽植
10	洒水车						苗木栽植 道路工程环境卫生
11	平板式振动器						砼垫层
12	打药机						苗木养护
13	切割机						铺装工程
14	绿篱机						苗木栽植及养护
15	剪草机						苗木栽植及养护
16	经纬仪						定位测量
17	水准仪						定位测量
18	云石机						铺装工程
19	砂轮机						铺装工程

(2)物资准备工作程序

①编制各种物资需要量计划；

②签订物资供应合同；

③拟定物资运输计划和运输方案；

④组织物资按计划进场和保管。

3. 劳动组织准备

(1)劳动力安排

①建立施工项目经理部。根据园林工程项目的规模、结构特点和复杂程度，建立有施工经验、有开拓精神和工作效率高的施工项目领导机构。

②建立精干的施工队伍。根据采用的施工组织方式和施工工种的不同，建立相应的专业施工队，如土建施工队、绿化施工队、水电施工队、养护维修队等，也可部分进行劳务分包，但必须坚持施工队伍素质至上的原则，还应考虑各施工队之间的协调与衔接问题。

③组织劳动力进场。按照开工日期和劳动力需求计划，组织工人进场。

④组织岗前培训。培训内容包括：规章制度、安全施工、操作技术和精神文明教育等四个方面。

(2)劳动力计划　根据拟建园林工程的进度安排和工程量，合理安排劳动力投入计划，如表2-1-10所示，拟定出工程用工需投入各工种的人数，专业施工队组数量及进退场时间。

表2-1-10　劳动力需求计划表

序号	工种	人数	用工时间
1	测量工		由项目部根据施工进度计划，安排进场时间
2	砼工		
3	装饰工		
4	砖工		
5	普工		
6	水电工		
7	电焊工		
8	管道工		
9	园林绿化工		

注：预计工程高峰期人数达到＿＿＿＿人。

4. 施工现场准备

大中型的综合园林工程项目必须做好完善的施工现场准备工作。

(1)施工现场控制网测量。根据给定的永久性坐标和高程，按照总平面图的要求，进行施工现场控制网测量，设置场区永久性控制测量标桩。

(2)做好“四通一平”，认真设置消火栓。确保施工现场水通、电通、道路通、通信畅通，特别是水、电的引入要考虑临时性和永久性问题；清除现场障碍，搞好场地平整，园林工程建设中的场地平整要因地制宜，合理利用竖向条件，既要便于施工，减少土方搬运量，又要保留良好的地形景观，创造立体景观效果；按照消防要求，设置足够数量的消火栓。

(3)建造各项施工设施。园林工程施工设施可分为生产性施工设施和生活性施工设施。生产性施工设施包括：加工、运输、储存、供水、供电和通信等6种设施；生活性施工设施包括:行政管理用房、临时居住用房和文化福利用房等3种设施。

按照施工平面图和施工设施需要量计划,建造各项施工设施,为工程正式开工做准备。

(4)组织施工机具进场。根据施工机具需要量计划,按施工平面图要求,组织施工机械、设备和工具进场,按规定地点和方式存放,并应进行相应的保养和试运转等准备工作。

(5)组织施工材料进场。根据各项材料需要量计划,组织其有序进场,按规定地点和方式存货堆放。植物材料一般应随到随栽,不需提前进场,若进场后不能立即栽植的,要选择好假植地点,严格按照假植技术要求认真假植,并做好养护工作。

5. 施工场外协调

(1)材料选购、加工和订货。根据各项材料需要量计划,同建材生产加工、设备设施制造、苗木生产单位取得联系,签订供货合同,保证按时供应。植物材料要在去多家苗圃仔细号苗的基础上,选择符合设计要求的优质苗木。园林中特殊的景观材料(如山石等)需要事先根据设计需要进行选择以作备用。

(2)施工机具租赁或订购。对于本单位缺少且需用的施工机具,应根据需要量计划,同有关单位签订租赁合同或订购合同。

(3)选定分包单位,签订分包合同。

三、任务实施

(1)师生共同分析施工准备工作的内容。

(2)根据园林工程总平面图和招投标文件,学生分组讨论编制施工准备计划。

四、学习评价

学习评价标准	分值	教学评价			总评
		小组评价 40%	学生自评 20%	教师评价 40%	
施工准备计划各工作具体内容的确定	20				
能正确编制施工准备计划	20				
自学能力	20				
完成任务态度	20				
出勤情况	20				
小计	100				

五、复习思考

1. 施工准备工作一般包括哪些内容?
2. 审查施工图一般要经过哪几个阶段?分别如何组织?
3. 园林绿化工程物资准备工作包括哪些内容?
4. 劳动力准备工作包括哪些内容?

六、总结

重点:(1)施工准备工作的内容。

(2)对施工准备计划各工作具体内容的理解与应用。

难点:根据园林工程实例编制施工准备计划。

工作任务二　施工方案的确定

一、任务描述

任务说明

1. 教师提供园林工程实例的施工组织设计及主要单位工程的施工方案。

2. 学生分组讨论学习。

任务要求

针对具体园林工程情况，学会园林工程施工方案的编制。

二、相关知识

(一)园林工程施工组织设计概述

施工组织设计是以施工项目为对象编制的，用以指导施工准备和组织施工的技术、经济和管理的综合性文件。若施工图设计是解决建造什么样的园林工程，则施工组织设计就是解决如何建造的问题。由于受园林工程项目及其施工特点的影响，每一个工程项目开工前，都必须根据工程特点与施工条件来编制施工组织设计。它是工程开工后施工活动能有序、高效、科学合理地进行的保证。

施工组织设计的基本任务是把园林工程项目在整个施工过程所需用的人力、材料、机械、资金和时间等因素，按照客观的经济技术规律，科学地做出合理安排。使之达到耗工少、速度快、质量高、成本低、安全好、利润大的要求。

1. 施工组织设计的分类

施工组织设计按设计阶段、编制时间、编制对象范围、使用时间的长短和编制内容的繁简程度不同，有以下分类情况。

(1)按设计阶段的不同分类　施工组织设计的编制一般是同设计阶段相配合的。

①设计按两个阶段进行时，施工组织设计分为施工组织总设计(扩大初步施工组织设计)和单位工程施工组织设计两种。

②设计按三个阶段进行时，施工组织设计分为施工组织设计大纲(初步施工组织条件设计)、施工组织总设计和单位工程施工组织设计三种。

(2)按编制时间不同分类　施工组织设计按编制时间不同可分为投标前编制的施工组织设计(简称“标前设计”)和签订工程承包合同后编制的施工组织设计(简称“标后设计”)两种。

(3)按编制对象范围的不同分类　施工组织设计按编制对象范围的不同可分为施工组织总设计、单位工程施工组织设计、分部分项工程施工组织设计三种。

①施工组织总设计。施工组织总设计是以一个建筑群或一个建设项目为编制对象，用

以指导整个建筑群或建设项目施工全过程的各项施工活动的技术、经济和组织的综合性文件。施工组织总设计一般在初步设计或扩大初步设计被批准之后，在总承包企业的总工程师领导下进行编制。

②单位工程施工组织设计。单位工程施工组织设计是以一个单位工程（如一个建筑物或构筑物）为编制对象，用以指导其施工全过程的各项施工活动的技术、经济和组织的综合性文件。单位工程施工组织设计一般在施工图设计完成后，在施工项目开工之前，由项目经理组织，在技术负责人领导下进行编制。

③分部分项工程施工组织设计。分部分项工程施工组织设计是以分部分项工程为编制对象，用以具体实施其施工全过程的各项施工活动的技术、经济和组织的综合性文件。分部分项工程施工组织设计一般是与单位工程施工组织设计的编制同时进行的，并由单位工程的技术人员负责编制。

此外，施工组织设计按使用时间的长短不同，可分为长期施工组织设计、年度施工组织设计和季度施工组织设计三种。按编制内容的繁简程度不同可分为完整的施工组织设计和简单的施工组织设计两种。

2. 施工组织设计的内容

园林工程施工组织设计的内容大体上包括工程概况、施工方案、施工进度计划、施工现场平面布置图和主要技术经济指标五大部分。由于各个园林工程的具体情况以及要求不同而反映在各部分的内容深度上也有差异。因此，应该根据不同的工程特点确定每部分的侧重点，有针对性地确定施工组织设计的重点。施工组织设计的内容要根据工程对象和工程特点，结合现有和可能的施工条件以及当地的施工水平，从实际出发确定。

（1）工程概况　工程概况是对拟建工程总体情况基本性、概括性的描述，其目的是通过对工程的简要介绍，说明工程的基本情况，明确任务量、难易程度、施工重点难点、质量要求、限定工期等，以便制订能够满足工程要求、合理、可行的施工方法、施工措施、施工进度计划和施工现场布置图。

（2）施工方案　施工方案选择是依据工程概况，结合人力、材料、机械设备等条件，全面部署施工任务；安排总的施工顺序，确定主要工种工程的施工方法；对施工项目根据各种可能采用的几种方案，进行定性、定量的分析，通过技术经济评价，选择最佳施工方案。

（3）施工进度计划　施工进度计划是最佳施工方案在时间上的体现和具体安排。采用计划的方法，使工期、成本和资源的利用达到最佳组合状态，即资源均衡、工期合理、成本低。施工进度计划可采用横道图或网络图的形式编制。在施工进度计划的基础上，可编制出劳动力和各种资源需要量计划和施工准备工作计划。

（4）施工现场平面布置图　施工（总）平面图是施工方案及施工进度计划在空间上的全面安排。它是把投入的各种资源（如材料、构件、机械、运输道路、水电管网等）和生产、生活活动场地合理地部署在施工现场，使整个现场能进行有组织、有计划的文明施工。

（5）主要技术经济指标　主要技术经济指标是对确定的施工方案及施工部署的技术经济效益进行全面的评价，用以衡量组织施工的水平。施工组织设计常用的技术经济指标有：

①工期指标；

②劳动生产率指标；

③机械化施工程度指标；

④质量、安全指标；

⑤降低成本指标；

⑥节约“三材”(钢材、木材、水泥)指标等。

不同的施工组织设计在内容和深度方面不尽相同。各类施工组织设计编制的主要内容，应根据建设工程的对象及其规模大小、施工期限、复杂程度、施工条件等情况决定其内容的多少、深浅、繁简程度。编制必须从实际出发，以实用为主，确实能起到指导施工的作用，以避免冗长、烦琐、脱离施工实际条件。

3. 施工组织设计的编制重点

各类施工组织设计的编制内容简述如下：

(1)施工组织总设计　施工组织总设计的主要内容如表 2-2-1 所示。

表 2-2-1　施工组织总设计的主要内容

内容	说明
施工部署和施工方案	施工项目经理部的组建，施工任务的组织分工和安排，重要单位工程施工方案，主要工种工程的施工方法，“四通一平”规划
施工准备工作计划	测量控制网的确定和设置，土地征用，居民迁移，障碍物拆除，掌握设计进度和设计意图，编制施工组织设计，研究采用有关新技术、新材料、新设备、技术组织措施，进行科研试验，大型临时设施规划，施工用水、电、路及场地平整工作的安排，技术培训，物资和机具的申请和准备等
各项需要量计划	劳动力需要量计划，主要材料与加工品需要量计划和运输计划，主要机具需要量计划，大型临时设施建设计划等
施工总进度计划	编制施工总进度图表，用以控制工期，控制各单位工程的搭接关系和持续时间，为编制施工准备工作计划和各项需要量计划提供依据
施工平面布置图	对施工所需的各项设施及这些设施的现场位置、相互之间的关系，它们和永久性建筑物之间的关系和布置等，进行规划和部署，绘制成布局合理、使用方便、利于节约、保证安全的施工总平面布置图
技术经济指标分析	用以评价上述设计的技术经济效果，并作为考核的依据

(2)单位工程施工组织设计　单位工程施工组织设计是具体指导施工的文件，是施工组织总设计的具体化。

单位工程施工组织设计的内容与施工组织总设计类似，具体内容如表 2-2-2 所示。

以上单位工程施工组织设计内容中，以施工方案、施工进度计划和施工平面图三项最为关键，它们分别规划单位工程施工的技术、时间、空间三大要素。在设计中，应加大力量进行研究和筹划。

(3)分部工程施工组织设计　它的编制对象是难度较大、技术复杂的分部(分工种)工程或新技术项目，用来具体指导这些工程的施工。主要内容包括：施工方案、施工进度计划、技术组织措施等。

表 2-2-2　单位工程施工组织设计的内容

说明	内容
工程概况	工程特点、建设地点特征、施工条件三个方面
施工方案	确定施工程序和施工流向，划分施工段，主要分部分项工程施工方法的选择和施工机械选择，确定技术组织措施
施工进度计划	确定施工顺序，划分施工项目，计算工程量、劳动量和机械台班数，确定各施工过程的持续时间，并绘制进度计划图
施工准备工作计划	技术准备，现场准备，劳动力、机具、材料、构件、加工半成品的准备等
各项需要量计划	材料需要量计划，劳动力需要量计划，构件、加工半成品需要量计划，施工机具需要量计划
施工平面图	标明单位工程施工所需施工机具、加工场地、材料、构件等的放置场地及临时设施在施工现场合理布置的图形
技术经济指标	用以评价上述设计的技术经济效果，并作为考核的依据

(4)编制内容的着重点　对施工组织设计来说，从突出“组织”的角度出发，在编制施工组织设计时，应重点编好以下三项内容：

第一个重点，在施工组织总设计中是施工部署和施工方案，在单位工程施工组织设计中是施工方案和施工方法。前者的关键是“安排”，后者的关键是“选择”。这一部分是解决施工中的组织指导思想和技术方法问题。在操作时应努力在“安排”和“选择”上做到优化。

第二个重点，在施工组织总设计中是施工总进度计划，在单位工程施工组织设计中是施工进度计划，这部分所要解决的问题是顺序和时间。“组织”工作是否得力，主要看时间是否利用合理，顺序是否安排得当，巨大的经济效益寓于时间和顺序的组织之中，绝不能忽视。

第三个重点，在施工组织总设计中是施工平面布置图，在单位工程施工组织设计中是施工平面图。这一部分是解决空间问题和涉及“投资”问题。它的技术性、经济性都很强，还涉及许多政策和法规，如占地、环保、安全、消防、用电、交通等。

总之，三个重点突出了施工组织设计中的技术、时间和空间三大要素，这三者是密切相关的，设计的顺序也不能颠倒。抓住这三个重点，其他方面的设计内容也就好办了。

4. 园林工程施工组织设计的编制

园林工程施工组织设计是对拟建园林工程的施工提出全面的规划、部署，用来指导园林工程施工的技术性文件。

园林工程施工组织设计的本质是根据园林工程的特点与要求，以先进科学的施工方法和组织手段，科学合理地安排劳动力、材料、机械设备、资金和施工方法，以达到人力与物力、时间与空间、技术与经济、计划与组织等诸多方面的合理优化配置，从而保证施工任务的顺利完成。

(1)园林工程施工组织设计遵循的原则　要使施工组织设计做到科学、实用，就要求编制人员在编制思路上吸取多年来工程施工中积累的成功经验；在编制过程中应遵循相关的施工规律、理论和方法；在编制方法上应集思广益，逐步完善。因此在编制施工组织设计时必须贯彻如下原则：

①严格按照国家相关政策、法规和工程承包合同进行编制和实施。

②符合园林工程特点，体现园林综合艺术。

园林工程大多为综合性工程，所涉及的施工范围非常广泛。同时，由于园林工程特有的艺术特性，其造型自由、灵活、多样。因此，园林工程的施工组织设计必须满足实际设计的要求，严格按照设计图样规范和相关要求，不得随意修改设计内容，并对实际施工中可能遇到的其他情况拟定防御措施。因此，必须透彻理解园林工程图样，熟识园林工艺流程、工程技法，才能编制出有针对性的、切实可行的、能够实现工期和资本最优组合的园林工程施工组织设计。

③遵循施工工艺及其技术规律，合理地安排施工程序和施工顺序。

④采用流水施工和网络计划技术安排进度计划，组织有节奏、均衡、连续的施工。

⑤采用先进的施工技术和科学的管理方法，选择合理的施工方案。

⑥科学合理地布置施工平面图。

⑦确保工程质量和施工安全，重视园林工程的验收工作。

(2)园林工程施工组织设计的编制依据　园林工程施工组织设计的编制依据如表 2-2-3 所示。

表 2-2-3　园林施工组织设计的编制依据

序号	项目	编制依据	
1	园林工程总体施工组织设计	园林工程项目基础文件	①园林工程项目可行性报告及批准文件
			②园林工程项目规划红线范围及用地批准文件
			③园林工程项目勘测任务设计书、图样、说明书
			④园林工程项目初步设计或技术设计批准文件以及设计图样和说明书
			⑤园林工程项目总概算或设计总概算
			⑥园林工程项目招标文件和工程承包合同文件
		工程建设政策、法规、规范资料	①关于工程建设程序有关规定
			②关于动迁工作有关规定
			③关于园林工程项目实行施工监理有关规定
			④关于园林建设管理机构资质管理有关规定
			⑤关于工程造价管理有关规定
			⑥关于工程设计、施工和验收有关规定
		建设地原始调查资料	①地区气象资料
			②工程地形、工程地质和水文地质资料
			③土地利用情况、地区交通运输能力和价格资料
			④地区绿化材料、建筑材料等供应情况资料
			⑤地区供水、供电、供热、通信能力和价格资料
			⑥地区园林企业状况资料
			⑦施工现场地下、地上现状(水、电、通信、煤气管道等)
		类似施工项目经验资料	
2	园林单项工程施工组织设计	①单项工程全部施工图样及相关标准图	
		②单项工程地质勘测报告、地形图以及工程测量控制图	
		③单项工程预算文件及资料	
		④建设项目施工组织总体设计对本工程的工期、质量和成本控制的目标要求	
		⑤承办单位年度施工计划对本工程开、竣工的时间要求	
		⑥有关国家方针、政策、规范、规程以及工程预算定额	
		⑦类似工程施工检验和技术新成果	

(3)园林工程施工组织设计的编制程序

①编制前的准备工作。

a. 熟悉园林施工工程图，领会设计意图，找出疑难问题和工程重点、难点，收集有关资料，认真分析，研究施工中的问题。

b. 现场踏勘，核实图样内容与场地现状，发现问题，解决问题。

②将园林工程合理分项并计算各个分项工程的工程量，确定工期。

③制定多个施工方案、施工方法，并进行经济技术比较分析，确定最优方案。

④编制施工进度计划(横道图或网络图)。

⑤编制施工必需的设备、材料、构件及劳动力计划。

⑥布置临时施工、生活设施，做好“四通一平”工作。

⑦编制施工准备工作计划。

⑧绘出施工平面布置图。

⑨计算技术经济指标，确定劳动定额，加强成本核算。

⑩拟定技术安全措施。

⑪成文报审。

(二)园林工程施工方案的编制

施工方案是根据一个施工项目指定的实施方案。它是对单位工程或分部(分项)工程中某一施工工艺和施工方法的分析，是对施工实施过程中所耗用的劳动力、材料、机械、费用以及工期等在合理组织的条件下通过技术经济的分析，从中选择切实可行、最优的施工工艺和方法。对于某些施工难点和关键分部、分项工程，常常也要编制专门的施工方案。

1. 施工方案和施工组织设计的关系与区别

(1)施工方案与施工组织设计的关系

①局部与整体的关系。施工方案和施工组织设计是密不可分的。不管是什么形式的施工方案，都是该工程项目施工组织设计必不可少的一部分。缺少了施工方案的施工组织设计，只剩下空洞的外壳，不具备项目管理规划和实施的作用，也就没有存在的意义，而完全脱离了施工组织设计的施工方案，也是不切实际的技术文件，无法指导施工。

②被指导与指导的关系。施工组织设计确定了该工程项目的总体施工思想和全局部署，施工方案只是针对局部工程或分部分项工程而编制的。施工方案不管如何编制，也无论何种形式，都必须在施工组织设计的总体规划和全局部署下进行。如果说施工方案是目的，则施工组织设计就是纲。施工方案始终是在施工组织设计的指导下进行编制和实施的。

(2)施工方案与施工组织设计的区别

①编制目的不同。

施工组织设计　是一个工程的战略部署，是对工程全局全面的纲领性文件。要求具有科学性和指导性，对施工中的人力、物力的选用方法，时间与空间的布置等各方面给予周密的安排。它是宏观的管理性的文件，它是依据合同、设计图纸以及各类规范、标准、规定和文件来编制的，它应该具有指导性。它是根据质量目标的要求、业主的实际要求以及设计的要求来选择明确施工方法的。

施工方案　是依据施工组织设计关于某一分项工程的施工方法而编制的具体的施工工

艺，它将对此分项工程的劳动力、材料，机械、工艺进行详细的部署，保证质量要求和安全文明施工要求，它应该具有可行性、针对性，符合施工及验收规范。

②编制内容不同。

施工组织设计 编制的对象是工程整体，可以是一个建筑项目或建筑群，也可以是一个单位工程。它所包含的文件内容广泛，涉及工程施工的各个方面。从项目机构安排，施工方案选择，合理安排施工顺序和进度计划，有效选用施工场地，优化配置和节约使用人力、物力、财力、技术等生产要素，协调各方面的工作，施工有计划，有节奏，能够保证质量、进度、安全，取得良好的经济效益、社会效益和环境效益。

施工方案 编制的对象通常指的是分部、分项工程。它是指导具体的一个分部、分项工程施工的实施过程。其编制内容通常包括该工程概况、施工中的难点及重点分析、施工方法的选用比较、具体的施工方法和质量、安全控制以及成品保护等方面的内容。

③侧重点不同。

施工组织设计 侧重决策。决策讲究高屋建瓴，遇事具有前瞻性，强调全局规划。

施工方案 侧重实施。实施讲究可操作性，强调通俗易懂，便于局部具体的施工指导。

④出发点不同。

施工组织设计 从项目决策层的角度出发，是决策者意志的文件化反映。它更多反映的是方案确定的原则，是如何通过多方案对比确定施工方法的。

施工方案 从项目管理层的角度出发，是对施工方法的细化，它反映的是如何实施、如何保证质量、如何控制安全。

2. 主要工程施工方案的拟定

对于假山、建筑、水体等工程量大、施工周期长、施工难度大的单项工程或单位工程及特殊的分项工程应在施工组织总设计中拟定其施工方案，其目的是进行技术和资源的准备工作，也为工程施工的顺利开展和工程现场的合理布置提供依据。

施工方案的主要内容包括：确定施工展开程序；划分施工段；确定施工起点流向；确定施工顺序（施工流程）；选择施工方法和施工机械。

(1)施工方案制定步骤

①熟悉工程文件和资料；

②划分施工过程；

③计算工程量；

④确定施工顺序和流向；

⑤选择施工方法和施工机械。

(2)编制单位工程施工方案

①施工流程。施工顺序是指单位工程内部各个分部工程之间的先后施工次序。施工顺序合理与否，将直接影响工种间配合、工程质量、施工安全、工程成本和施工速度，必须科学合理地确定施工顺序。

施工程序是指不同施工阶段之间所固有的、密不可分的先后施工次序，如：先场外后场内，先地下后地上，先主体后装修，土石方工程→管线→土建→设备设施安装→绿化工程。绿化工程因为受到栽植季节的限制，常常要与其他单位工程交叉进行。在编制施工方案时，必须认真研究施工程序。

一般用图表的形式确定各施工过程开始的先后次序、相互衔接的关系和开竣工日期，如表 2-2-4 所示。如是绿化工程，要注意不同植物对栽植季节及对气候条件的要求，工程交付使用的工期要求，施工顺序、复杂程度等因素。

②施工方法。确定施工方法时工程量大且施工技术复杂并有新技术、新工艺或特殊结构工程则需编制具体的施工过程设计，其余只需概括说明即可。

③施工机械和设备的选择。

④主要材料和构件的运输方法。

表 2-2-4　单位工程进度计划

绿化工程	单位	数量	开工日	完工日	4 月					
					5	10	15	20	25	30
准备作业	组	1	4 月 1 日	4 月 5 日	——					
定点放线	组	1	4 月 6 日	4 月 9 日		——				
地形作业	m^2	1 500	4 月 10 日	4 月 15 日			——			
种植作业	棵	150	4 月 15 日	4 月 24 日				——	——	
草坪作业	m^2	600	4 月 24 日	4 月 28 日					——	——
收尾	组	1	4 月 28 日	4 月 30 日						——

⑤各施工过程的劳动组织。

⑥主要分部分项工程施工段的划分和流水顺序。

⑦冬期和雨季施工措施。

⑧安全施工措施。

(三)园林工程资源需要量计划的编制

1. 劳动力需要量计划

劳动力需要量计划是根据施工方案、施工进度、概预算定额和有关经验资料，依次确定专业工种、进场时间、劳动量和工人数，然后汇集成表格形式，如表 2-2-5 所示。它可作为现场劳动力调配的依据。如果劳动力有余缺，则应采取相应措施调整。例如，对多余的劳动力可以进行培训，计划调出；劳动力短缺可实行招聘或提高劳动效率等。

表 2-2-5　劳动力需要量计划

序号	工种名称	施工高峰需要人数	××××年				××××年				现有人数	多余(+)或不足(—)
			一季	二季	三季	四季	一季	二季	三季	四季		

注：工种名称除生产人员外，应包括机修、运送、构件加工、材料保管等服务和管理用工名称。

2. 主要材料和预制加工品需要量计划

较大的园林绿化工程中的很多材料、设施需要预先订制加工，如石材、喷泉、座椅、指示牌等，这些预制加工品以及建筑材料、绿化材料需要量计划是根据施工预算工料分析和施工进度计划而编制的，依次确定材料和预制加工品的名称、规格、数量和进场时间，并汇集成表格形式，如表 2-2-6、表 2-2-7 所示。它可作为加工订货、备料、确定堆场和仓库面积，以及组织运输的依据（表 2-2-8）。

表 2-2-6　主要材料和预制加工品需要量计划

工程名称	主要材料									
	（名称）									
	（单位）									

注：主要材料的名称可按型钢、钢板、钢筋、管材、水泥、木材、砖、石、沙、石灰等分别填列。

表 2-2-7　主要材料和预制加工品需要量进度计划

序号	材料或预制加工品名称	规格	单位	需要量				需要进度							
								年				年			
				合计	正式工程	大型临时设施	施工措施	一季	二季	三季	四季	一季	二季	三季	四季

注：材料名称应与表 2-2-6 一致。

表 2-2-8　主要材料和预制加工品运输量计划

序号	材料或预制加工品名称	单位	数量	折合吨位	运距/km			运输量/(t/km)	分类运输量			备注
					装货点	卸货点	距离		公路	铁路	航运	

注：材料和预制加工品所需运输总量应加入 8%～10%的不可预见系数，生活日用品运输量按每人每年 1.2～1.5 t 计算。材料名称各表要一致。

3. 主要施工机具和设备需要量计划

现代园林景观工程的规模日益向大型化的方向发展，大型的园林景观工程的实施就必须借助多种有效的园林机械设备才能达到良好的运作。施工机具和设备需要量计划是确定施工机具和设备进场、施工用电量和选择施工用临时变压器的依据（表 2-2-9）。它可根据施工部署、施工方案、工程量而确定。一般而言，园林施工中的大型施工机械不多见，但在地形塑造、土方工程、水景施工中所用的一些中、小机械也不容忽视。

表 2-2-9　主要施工机具和设备需要量计划

序号	机具设备名称	规格型号	电动机功率	数量				购置价值/万元	使用时间	备注
				单位	需用	现有	不足			

注:机具设备名称可按起重机、金属加工设备、运输设备、木加工设备、动力设备、测试设备、脚手架等机具设备分别填列。

三、任务实施

(1)师生共同分析施工方案的内容。

(2)根据园林工程实例施工组织设计,学生分组讨论编制单位工程施工方案。

四、学习评价

学习评价标准	分值	教学评价			总评
		小组评价 40%	学生自评 20%	教师评价 40%	
掌握施工组织设计的内容及编制依据、程序	20				
施工方案内容的确定	20				
能正确编制施工方案	20				
回答教师问题	10				
自学能力	10				
完成任务态度	10				
出勤情况	10				
小计	100				

五、复习思考

1. 施工组织设计都有哪些分类方式?
2. 施工方案和施工组织设计的关系与区别是什么?
3. 如何拟定主要工程的施工方案?

六、总结

重点:(1)施工方案的编制格式。

(2)对施工方案具体内容的理解与应用。

难点:根据园林工程实例施工组织设计编制单位工程施工方案。

工作任务三　施工进度计划

任务 1　进度计划横道图

一、任务描述

任务说明

1. 教师提供园林工程实例，分析施工组织的 3 种方式。
2. 学习进度计划横道图的内容及应用。

任务要求

1. 让学生从总体上明确区分 3 种施工组织方式，会应用流水施工进行施工组织。
2. 针对具体工程情况，会编制园林工程施工进度计划横道图。

二、相关知识

(一)施工组织方式

在工程的施工过程中，考虑到园林工程项目的施工特点、工艺流程、资源利用、平面或空间布置等要求，施工组织方式一般有依次施工、平行施工、流水施工 3 种。

现设某住宅区要拟建 3 幢相同的建筑物，其编号分别为Ⅰ、Ⅱ、Ⅲ，各建筑物的基础工程量都相等，且都分为挖基槽、混凝土垫层、砌筑砖基础、回填土 4 个施工过程，分别由相应的专业队按施工工序要求一次完成，每个专业队在每幢建筑物的施工时间均为 6 天，各专业队的人数分别为 10 人、16 人和 8 人。

3 种施工组织方式特点如下：

1. 依次施工

将拟建工程项目中的每一个施工对象分解为若干个施工过程，按施工工艺要求依次完成每一个施工过程，当一个施工对象完成后，再按同样的顺序完成下一个施工对象，依此类推，直至完成所有施工对象。

这种方式的施工进度安排、总工期及劳动力需求曲线(依次施工横道图)如表 2-3-1 所示。

依次施工方式具有以下特点：

(1)没有充分地利用工作面进行施工，工期长。

(2)如果按施工过程成立相应的专业工作队，则各专业队不能连续作业，有间歇，劳动力及施工机具等资源无法均衡使用。

表 2-3-1　依次施工横道图

工程编号	施工进度/d											
	6	12	18	24	30	36	42	48	54	60	66	72
Ⅰ	挖	垫	砌	回								
Ⅱ					挖	垫	砌	回				
Ⅲ									挖	垫	砌	回

(3)如果由一个工作队完成全部施工任务,则不能实现专业化施工,不利于提高劳动生产率和工程质量。

(4)单位时间内投入的劳动力、施工机具、材料等资源量较少,有利于资源供应的组织工作。

(5)施工现场的组织、管理比较简单。

2. 平行施工

平行施工是在多个施工对象同时具备施工条件的情况下,多个施工对象在同一时间、不同空间同时开工进行相同工序作业,按施工工艺要求直至完成全部施工任务的作业方法。

这种方式的施工进度安排、总工期及劳动力需求曲线(平行施工横道图)如表 2-3-2 所示。

平行施工方式具有以下特点:

(1)充分利用工作面进行施工,工期短。

(2)如果按施工过程成立相应的专业施工队,则各专业队不能连续作业,劳动力及施工机具等资源无法均衡使用。

(3)如果由一个工作队完成一个施工对象的全部施工任务,则不能实现专业化施工,不利于提高劳动生产率和工程质量。

(4)单位时间内投入的劳动力、施工机具、材料等资源量成倍增加,不利于资源供应的组织。

(5)施工现场的组织、管理比较复杂。

表 2-3-2　平行施工横道图

工程编号	施工进度/d			
	6	12	18	24
Ⅰ	挖	垫	砌	回
Ⅱ	挖	垫	砌	回
Ⅲ	挖	垫	砌	回

3. 流水施工

将拟建工程项目中的每一个施工对象分解为若干个施工过程，并按照施工过程成立相应的专业工作队，各专业队按照施工顺序依次完成各个施工对象相应的施工过程，同时保证施工在时间和空间上连续、均衡和有节奏地进行，使相邻两个专业队能最大限度地搭接作业。

这种方式的施工进度安排、总工期及劳动力需求曲线（流水施工横道图）如表 2-3-3 所示。

表 2-3-3　流水施工横道图

工程编号	施工进度/d					
	6	12	18	24	30	36
Ⅰ	挖	垫	砌	回		
Ⅱ		挖	垫	砌	回	
Ⅲ			挖	垫	砌	回

流水施工方式具有以下特点：

(1)尽可能地利用工作面进行施工，工期比较短。

(2)各工作队实现了专业化施工，有利于提高技术水平和劳动生产率，也有利于提高工程质量。

(3)各专业工作队能够连续施工，同时使相邻专业队的开工时间能够最大限度地搭接。

(4)单位时间内投入的劳动力、施工机具、材料等资源量较为均衡，有利于资源供应的组织。

(5)为施工现场的文明施工和科学管理创造了有利条件。

(二)施工进度计划横道图

横道图也称条形图、横线图，是以横向线条结合时间坐标表示各项工作施工的起始点和先后顺序的，整个计划由一系列的横道组成。横道图是一种最直观的工期计划表示方法。它在国外又称为甘特图(Gatt chart)，在工程中广泛应用，并受到普遍的欢迎。

1. 横道图的形式

横道图的基本形式是以横坐标作时间轴表示时间或作业量，工程活动内容在图的左侧纵向排列(纵坐标)，以活动所对应的横道位置表示活动的起始时间，横道的长短表示持续时间的长短(表 2-3-4)。

表 2-3-4　绿化工程施工进度横道图

编号	分部分项工程名称	工期	开始时间	完成时间	4月								
					1	2	3	4	5	6	7	8	9
1	填土	3	4月1日	4月3日	—	—	—						
2	整地	1	4月4日	4月4日				—					
3	挖坑	2	4月5日	4月6日					—	—			
4	栽植	3	4月7日	4月9日							—	—	—

2. 横道图表达的内容

园林工程施工中，流水施工的表达方式一般用横道图来表示。

流水施工的横道图，如表 2-3-3 所示。图中的横坐标表示流水施工的持续时间，纵坐标表示施工过程的名称或工程编号。带有文字的水平线段表示施工过程或专业工作队的施工进度安排，其中编号Ⅰ表示第一施工段；Ⅱ表示第二施工段；Ⅲ表示第三施工段。

3. 进度计划横道图的编制

横道图简单实用、易于掌握，施工过程及其先后顺序表达清楚，时间和空间状况形象直观，使用方便，因而被广泛用来表达施工进度计划。

(1)横道图的编制形式　常见的横道图有作业顺序横道图和详细进度横道图两种。

①作业顺序横道图：表 2-3-5 所示是某绿化工程中铺草工程作业顺序横道图。左栏是按施工顺序标明的工种(或工序)，右栏表示作业量的比例。它清楚地反映了整个工序的实际情况，对作业量比例一目了然，便于实际操作。但工种间的关键工序不明确，不适合较复杂的施工管理。

②详细进度横道图：详细进度横道图在实践当中的应用是比较普遍的，即为常说的横

道图。

详细进度计划横道图(表 2-3-6)由两部分组成:以工种(或工序、分项工程)为纵坐标,包括工程量、各工种工期、定额及劳动量等指标;以工期为横坐标,通过线条或线框表示工程进度。

表 2-3-5　铺草工程作业顺序横道图

工种	作业量比例						
	0%	20%	40%	60%	80%	100%	比例
准备工作							100%
整地作业							100%
草皮准备							70%
草坪作业							30%
检查验收							0

表 2-3-6　某园林工程施工详细进度计划横道图

工种	单位	数量	开工日	完工日	工程进度/d						
					0	5	10	15	20	25	30
准备作业	组	1	4 月 1 日	4 月 5 日							
定点	组	1	4 月 5 日	4 月 10 日							
土山工程	m^3	5 000	4 月 10 日	4 月 15 日							
种植工程	株	450	4 月 15 日	4 月 24 日							
草坪工程	m^2	900	4 月 24 日	4 月 28 日							
收尾	队	1	4 月 28 日	4 月 30 日							

(2)横道图的编制方法　编制进度计划横道图先要确定工程量、施工顺序、最佳工期以及工序或工作天数、衔接关系等。

①确定工序(或工程项目、工种)。一般要按施工顺序、作业衔接客观次序排列,项目不得疏漏也不得重复。如表 2-3-7 所示。

②根据工程量和相关定额及必需的劳动力加以综合分析,制定各工序(或工程项目、工种)的工期。确定工期时可视实际情况酌情增加机动时间,但要满足工程总工期的要求。

③用线条或线框在相应栏目内按时间起止期限绘成图表,图表必须清晰准确。如表 2-3-7 所示。

④绘制完毕后,要认真检查,看是否满足总工期需要,能否清楚看出时间进度和应完成的任务指标等。

表 2-3-7　园路工程施工进度计划横道图

编号	分部分项工程名称	时间/d	开始时间（月．日）	完成时间（月．日）	6月																			
					1	2	3	4	5	6	7	8	9	10	11	12	13	14	15	16	17	18	19	20
1	定位放线	1	6.1	6.1	▨																			
2	路槽开挖和残土外运	6	6.2	6.7		▨	▨	▨	▨	▨	▨													
3	压路机碾压路槽	3	6.3	6.7			▨		▨		▨													
4	回填级配砂石	6	6.3	6.8			▨	▨	▨	▨	▨	▨												
5	压路机碾压回填砂石	3	6.4	6.8				▨		▨		▨												
6	混凝土垫层	6	6.4	6.9				▨	▨	▨	▨	▨	▨											
7	水泥砖面层	10	6.10	6.19										▨	▨	▨	▨	▨	▨	▨	▨	▨	▨	
8	清理现场	1	6.20	6.20																				▨

4. 横道图的优缺点

（1）优点

①比较容易编制，简单、明了、直观、易懂。

②结合时间坐标，各项工作的起止时间、作业持续时间、工程进度、总工期都能一目了然。

③流水情况表示清楚。

（2）缺点

①方法虽然简单也较直观，但是它只能表明已有的静态状况，不能反映出各项工作间错综复杂、相互联系、相互制约的生产和协作关系。

②反映不出哪些工作是主要的，哪些生产联系是关键性的，当然也就无法反映出工程的关键所在和全貌。

综上可见，横道图控制施工进度简单实用，一目了然，适用于小型园林绿地工程。由于横道图对工程的分析以及重点工序的确定与管理等诸多方面的局限性，限制了它在更广阔的领域中应用。为此，对复杂庞大的园林工程项目必须采用更先进的计划技术——进度计划网络图。

三、任务实施

（1）师生共同分析 3 种施工组织方式适用的园林工程项目。

（2）教师提供园林工程实例，学生分组学习讨论编制施工进度计划横道图。

四、学习评价

学习评价标准	分值	教学评价			总评
		小组评价 40%	学生自评 20%	教师评价 40%	
会应用流水施工进行施工组织	30				
能正确编制进度计划横道图	30				
自学能力	10				
综合运用知识能力	10				
完成任务态度	10				
出勤情况	10				
小计	100				

五、复习思考

1. 施工组织方式有哪些？
2. 园林工程项目的流水施工方式是什么？
3. 如何编制进度计划横道图？

六、总结

重点：(1)流水施工方式的横道图表示。
(2)横道图的编制方法。
难点：根据园林工程实例编制施工进度计划横道图。

任务 2　进度计划网络图

一、任务描述

任务说明

学习进度计划网络图的内容及应用。

任务要求

针对具体工程各工序之间关系，会编制园林工程施工进度计划网络图。

二、相关知识

网络图(network planning)是一种图解模型，形状如同网络，故称为网络图，如图 2-3-1

所示。在工程管理中，经常使用到网络图的概念，它是用来指导施工的全新计划管理方法。

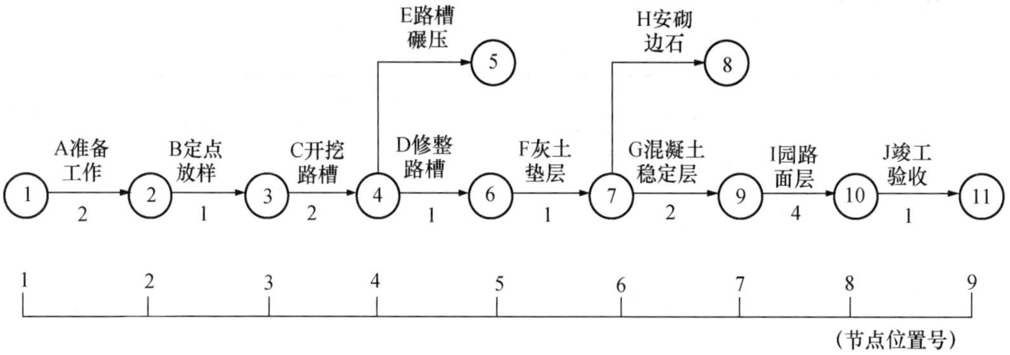

图 2-3-1　园路工程施工进度计划网络图

(一)网络图的概念

网络图是由箭线(→)和节点(○)组成的，是用来表示工作流程及其相互依赖、相互制约关系的有向、有序的网状图形。

网络图的基本原理：将某个工程划分成多个工作(工序)，按照各个工作之间的逻辑关系找出关键线路编制成网络图，用以调整、控制计划，求得计划的最佳方案，以此对工程施工进行全面检测和指导。用最少的人力、材料、机具、设备和时间消耗，取得最大的经济效益。

(二)网络图的分类

网络图按表示方法分为单代号网络图和双代号网络图。

1. 单代号网络图

单代号网络图又称节点式网络图，它以节点及其编号表示工序，箭线表示工序之间的逻辑关系。

单代号网络图中的每一个节点表示一道工序，节点所表示的工序名称、持续时间和节点编号等应标注在节点内(图 2-3-2)。

2. 双代号网络图

双代号网络图又称箭线式网络图，它是以箭线及其两端节点的编号表示工序，节点表示工序的开始或结束以及工序之间的连接状态。

双代号网络图中每道工序均用一根箭线和两个节点表示，箭线两端点编号用以表明该箭线所表示的工序，故称双代号网络图。

箭线前端称为头，后端称为尾，头的方向说明工序结束，尾的方向说明工序开始。箭线上方填写工序名称，下方填写完成该工序所需的时间(图 2-3-3)。

(三)双代号网络图

1. 双代号网络图的组成

双代号网络图由箭线(工序)、节点、线路三个基本要素组成。

(1)箭线(→)　双代号网络图中一根箭线表示一道工序。工序是指园林工程中某项按实际需要划分的工作项目。

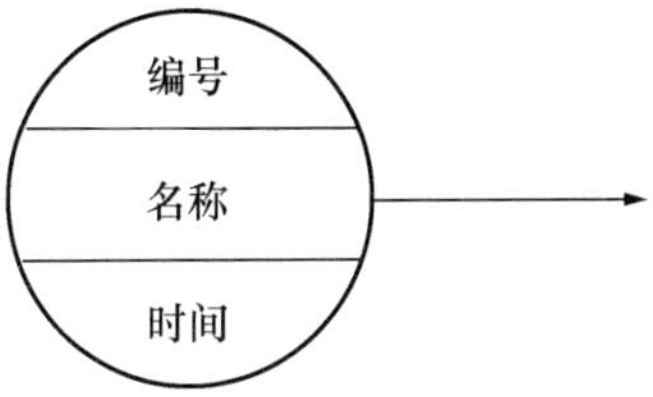

图 2-3-2　单代号网络图工序的表示方法

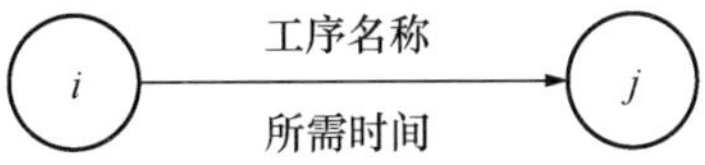

图 2-3-3　双代号网络图工序(实际工序)的表示方法

①工序的分类。在一般情况下，完成一道工序既需要消耗时间，也需要消耗劳动力、原材料、施工机具等资源。但也有一些工序只消耗时间而不消耗资源，如混凝土浇筑后的养护过程和墙面抹灰的干燥过程等。

凡消耗时间和消耗资源的工序称为实际工序，如图 2-3-3 所示；既不消耗时间也不消耗资源的工序称为虚工序，如图 2-3-4 所示，它仅表示相邻工序间的逻辑关系。

②工序的表示方法。

a. 实际工序：用一条实线箭头表示。

b. 虚工序：用一条虚线箭头表示。

图 2-3-4　双代号网络图虚工序的表示方法

③工序间的相互关系。如果将某工序称为本工序，那么紧靠其前的工序就称为紧前工序，而紧靠其后的工序就称为紧后工序，与之平行的工序称为平行工序，如图 2-3-5 所示。

由本工序至起点节点间的所有工序称为先行工序，本工序至终点节点间的所有工序称为后续工序。

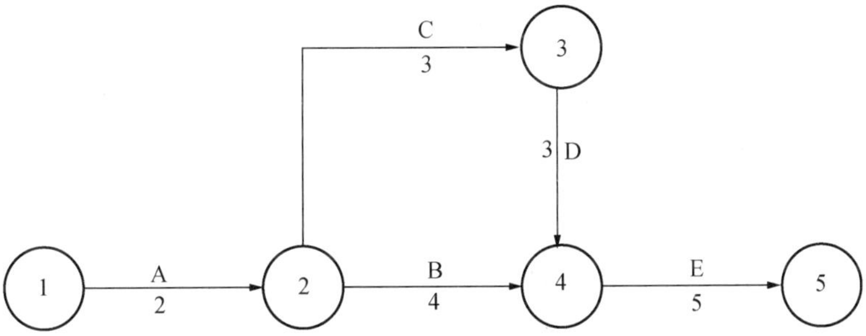

图 2-3-5　工序间的相互关系

注：A—紧前工序；B—本工序；C、D—平行工序；E—紧后工序

④工序间的逻辑关系。工程施工中，各工序间存在的相互依赖和制约的关系，即逻辑关系。清楚分析工序间的逻辑关系是绘制网络图的首要条件。因此，弄清本工序、紧前工序、紧后工序、平行工序等逻辑关系，才能清晰地绘制出正确的网络图。

如图 2-3-6 所示，工程划分为 6 道工序，由 A 开始，A 完工后，B、C 动工；B 完工后开始 D、E；F 要开始必须等 C、D 完工后才能进行；G 要动工则必须等 E、F 结束后才行。就 F 而言，A、B、C、D 均为其先行工序，E 为其平行工序，G 为其紧后工序。

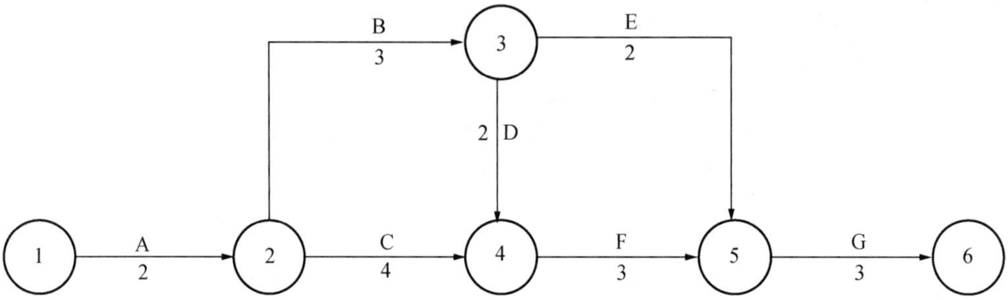

图 2-3-6　工序间的逻辑关系

(2)节点(○)　节点是网络图的箭杆进入或引出处带有编号的圆圈。它表示其前面若干项工序的结束或表示其后面若干项工序的开始。

①节点特点。

a. 它不消耗时间和资源;

b. 它标志着工序的结束或开始的瞬间;

c. 两个节点编号表示一道工序。

②节点种类。节点为两道工序交接之点,它既表示前一道工序的结束,同时也表示后一道工序的开始,如图 2-3-7 所示。

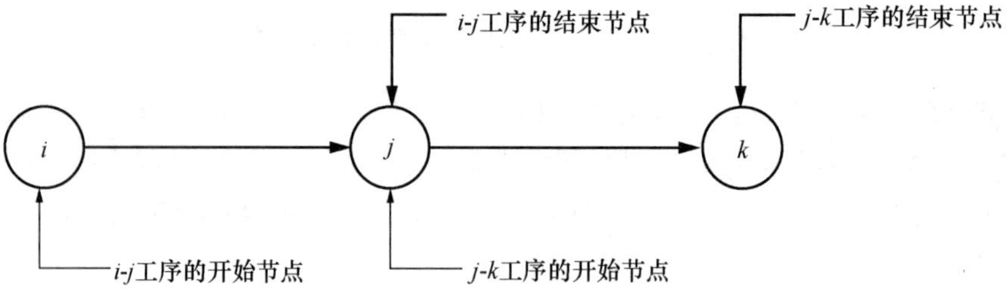

图 2-3-7　节点

网络图中,第一个节点称为起点节点;最后一个节点称为终点节点。针对某工序而言,箭尾节点称为开始节点,表明该工序的开始;箭头节点称为结束节点,表明该工序的完成。

③节点编号。

a. 不允许重复编号;

b. 箭尾编号必须小于箭头编号,即 $i<j$。

(3)线路　网络图中从起点节点开始,沿箭线方向顺序通过一系列箭线与节点,最后到达终点节点的通路称为线路。这样的全路线又称为关键线路,其他称为非关键线路。关键线路上的工序均称为关键工序,关键工序应作重点管理。

2. 双代号网络图的绘制原则

(1)同一对节点之间,不能有两条以上的箭线。网络图中进入节点的箭线允许有多条,但同一对节点进入的箭线则只能有一条(图 2-3-8)。

(2)网络图中不允许出现封闭循环回路(图 2-3-9)。

(3)网络图中不得出现双向箭头和无箭头线段(图 2-3-10)。

(4)一个网络图中只允许有一个起点和一个终点(图 2-3-11)。不允许无箭尾节点或无

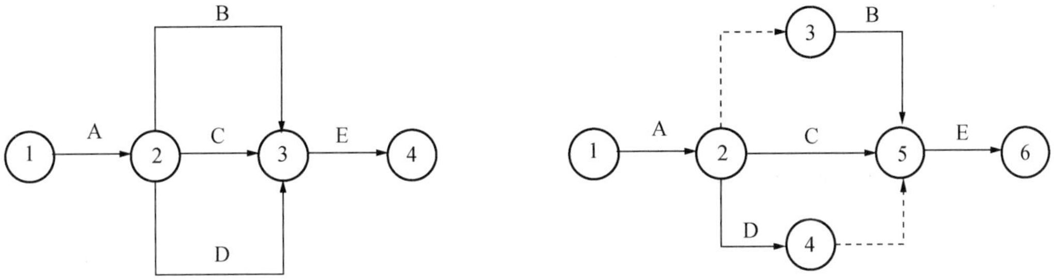

(a)错误　　　　(b)正确

图 2-3-8　同一对节点箭线表示法

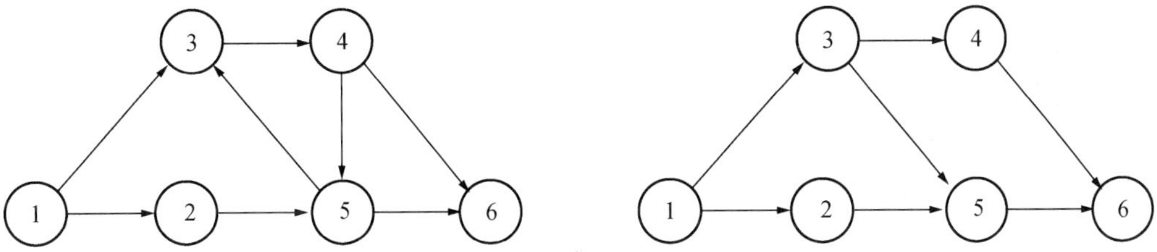

(a)错误　　　　(b)正确

图 2-3-9　网络图中的循环回路

(a)双向箭头线段（错误）　　　　(b)无箭头线段（错误）

图 2-3-10　双向箭头和无箭头线段

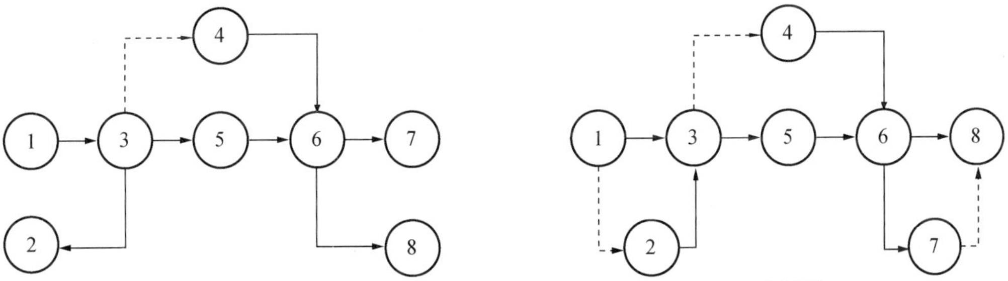

(a)错误　　　　(b)正确

图 2-3-11　起点和终点

箭头节点的箭头线段(图 2-3-12)。

3. 双代号网络图的绘制方法

绘制双代号网络图先要清楚三个基本内容:第一是计划工程都由哪些工序组成;第二是各工序之间的搭接关系如何;第三是要完成每道工序需要多少时间。然后按照以下步骤进行绘制。

(1)分析工程,推算出每道工序的紧前工序、紧后工序。

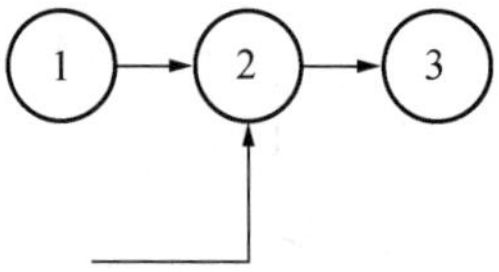

(a)无箭尾节点（错误）

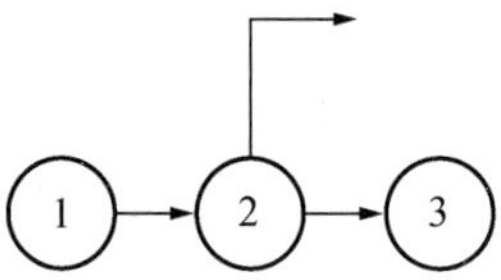

(b)无箭头节点（错误）

图 2-3-12　无箭尾节点或无箭头节点

(2)根据紧前工序和紧后工序推算出各工序的开始节点号和结束节点号，方法如下：

①无紧前工序的工序，其开始节点号为零。

②有紧前工序的工序，其开始节点号为紧前工序的开始节点号取最大值加 1。

③无紧后工序的工序，其结束节点号为各工序结束节点号的最大值加 1。

④有紧后工序的工序，其结束节点号为紧后工序开始节点号的最小值。

(3)根据节点号绘出网络图。

(4)用绘制的网络图与相关图表进行对照检查。

(四)网络图的应用

网络图能集中反映施工的计划安排和资源的合理配置，工程总工期及必须重点管理的工序等。

1. 工序时差的应用

工序时差是指各工序可以机动利用的空余时间，它反映各工序可以挖掘的潜力。

总时差是指网络图中全部工序可机动利用总的空余时间。

单时差是指在不影响紧后工序的条件下可利用的部分空余时间。

2. 工期优化

工期优化指计算工期大于指定工期时如何缩短计算工期以达到指定工期的目的。

(1)方法

①改变某些工序的逻辑关系；

②多利用平行作业和交叉作业；

③加强关键工序的管理，压缩关键工序时间；

④先进技术、新材料的运用，提高效率。

(2)措施

①奖励措施，挖掘潜力；

②合理加班加点和夜间施工；

③加强纵向领导支持和横向协作关系。

三、任务实施

1. 案例

某园林工程各工序之间关系如下表，要求绘制双代号网络图。

工序名称	A	B	C	D	E	F	G
紧前工序	—	A	A	A	B	BC	DEF
工期/d	3	4	9	4	3	4	5

2. 绘制步骤

(1)绘制矩阵图。

由紧前工序确定紧后工序,先绘矩阵图,以横坐标为紧前工序,纵坐标为紧后工序。

紧后工序	紧前工序						
	A	B	C	D	E	F	G
A							
B	√						
C	√						
D	√						
E		√					
F		√	√				
G				√	√	√	

(2)计算各工序的开始节点号和结束节点号。

工序名称	A	B	C	D	E	F	G
紧前工序	—	A	A	A	B	BC	DEF
紧后工序	BCD	EF	F	G	G	G	—
开始节点号	0	1	1	1	2	3	4
结束节点号	1	2	3	4	4	4	5

(3)根据各工序的开始节点号和结束节点号绘制网络图。

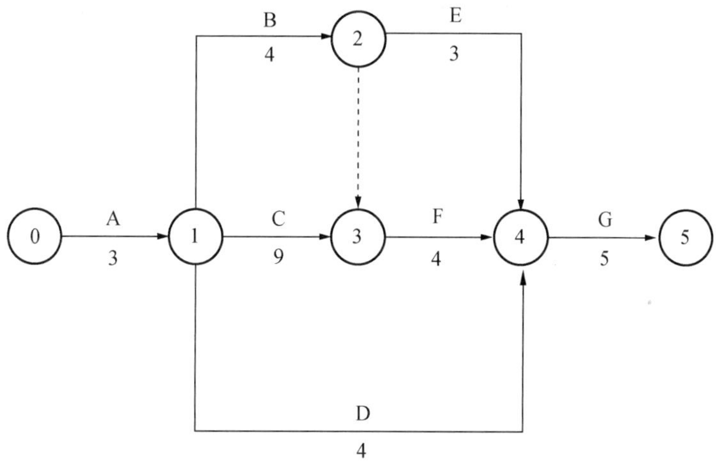

(4)用绘制的网络图与题干图表进行对照检查。

四、学习评价

学习评价标准	分值	教学评价			总评
		小组评价 40%	学生自评 20%	教师评价 40%	
掌握网络图的基本知识	10				
能正确表示网络图各工序间逻辑关系	20				
能正确编制施工进度计划网络图	20				
自学能力	20				
完成任务态度	20				
出勤情况	10				
小计	100				

五、复习思考

1. 双代号网络图由哪几部分组成？
2. 网络图中各工序逻辑关系应该如何表示？
3. 如何编制进度计划网络图？

六、总结

重点：(1)网络图逻辑关系的表示。
(2)网络图的编制方法。

难点：(1)根据园林工程各工序之间关系编制施工网络图进度计划。
(2)网络图的应用。

工作任务四　施工总平面布置

一、任务描述

任务说明

本任务主要学习园林工程施工总平面布置的相关知识，包括施工总平面布置的内容、原则、依据、要求及设计步骤等。

任务要求

根据园林工程设计图，结合施工现场实际情况，让学生掌握绘制施工平面布置图的方法。

二、相关知识

施工总平面图是拟建园林工程项目施工场地的总布置图。它是按照施工部署、施工方案和施工总进度计划的要求，将施工现场的交通道路，材料仓库，附属生产或加工企业，临时建筑，临时水、电、管线等合理规划和布置，并以图纸的形式表达出来，从而正确处理全工地施工期间所需各项设施与永久建筑、拟建工程之间的空间关系，指导现场进行有组织、有计划的文明施工。

(一)施工总平面布置的内容

(1)园林工程项目施工用地范围内地形和等高线；

(2)全部地上、地下已有和拟建的建筑物、构筑物及其他设施的位置和尺寸；

(3)园林植物种植的位置；

(4)为整个工程项目施工服务的临时设施的布置，其中包括：

①施工用的各种道路；

②各种加工厂、半成品制备站及机械化装置；

③各种建筑材料、半成品、构配件的仓库及堆场；

④园林绿化材料假植、取土及弃土的位置；

⑤行政管理用的办公室、施工人员的宿舍以及文化福利用的临时建筑物；

⑥临时给、排水的管线，动力、照明供电线路；

⑦必备的安全、防火和环境保护设施的位置。

许多规模巨大的园林工程项目，其建设工期往往比较长。随着工程的进展，施工现场的面貌将不断改变。在这种情况下，应按不同阶段分别绘制若干张施工总平面图，或者根据工地的变化情况，及时对施工总平面图进行调整和修正，以便符合不同时期的需要。

(二)施工总平面布置的原则

(1)在满足施工需要的前提下，尽量减少施工用地，不占用公共空间，施工现场布置要紧凑合理,保护好施工现场的古树名木、文物以及需要保留的原有树木等。

(2)科学规划施工临时道路,最大限度缩短场内运输距离,减少二次搬运,尽量降低运输费用。这就要求合理布置仓库、附属企业、起重设备等临时设施的位置,同时各种材料应按供应计划分期分批进场,并应尽量布置在使用地点附近,大型重件应尽量堆放在起重设备工作范围之内。

(3)尽可能降低临时工程费用。充分利用已有的房屋、管线、道路和可缓拆、暂不拆除的项目为施工服务;凡拟建永久性工程能提前完工为施工服务的,应尽量提前完工并在施工中代替临时设施。

(4)各项临时设施的布置应满足有利于工人施工和生活,使往返现场时间最少。

(5)充分考虑生产、生活设施和施工中的劳动保护、技术安全、防火要求。

(6)遵守环境保护条例,避免环境污染。

(三)施工总平面布置的依据

(1)园林工程项目总平面图、竖向布置图和地下设施布置图。

(2)园林工程项目施工部署和主要工程施工方案。

(3)园林工程项目施工总进度计划、施工总质量计划和施工总成本计划。

(4)园林工程项目施工总资源计划和施工设施计划。

(5)园林工程项目施工用地范围和水、电源位置以及项目安全施工和防火标准。

(四)施工总平面布置图的设计步骤和设计要求

施工总平面布置图是施工组织总设计的重要内容,是要归入档案的技术文件之一。因此,要求精心设计,认真绘制。

1. 施工总平面布置图的设计步骤

施工总平面布置图的设计步骤:确定场外运输道路位置→确定仓库和堆场位置→确定材料加工场地位置→确定场内运输道路位置→确定临时房屋位置→确定水、电管网和动力设施位置→绘制正式施工总平面布置图。

2. 施工总平面布置图的设计要求

(1)场外交通道路的布置　一般场地都有永久性道路,可提前修建为工程服务,但应恰当确定起点和进场位置,考虑转弯半径和坡度限制,以利于施工场地的利用。

当采用公路运输时,公路应参照与加工厂、仓库的位置进行布置,与场外道路连接,符合标准要求。

当采用水路运输时,卸货码头应不少于两个,宽度应不小于 2.5 m,江河距工地较近时,可在码头附近布置主要加工厂和仓库。

(2)仓库的布置　仓库一般应接近使用地点,装卸时间长的仓库应远离路边。

①当有铁路时,宜沿路布置周转库和中心库。

②一般材料仓库应临近公路和施工区,并应有适当的堆场。

③水泥库和砂石堆场应布置在搅拌站附近。砖、石和预制构件仓库应布置在垂直运输设备工作范围内,靠近用料地点。基础用块石堆场应离坑沿一定距离,以免压塌边坡。钢筋、木材仓库应布置在加工厂附近。

④工具库布置在加工区与施工区之间交通方便处,零星小件、专用工具库可分设于各施

工区段。

⑤车库、机械站应布置在现场入口处。

⑥油料、氧气、电石库应设置在边沿、人少的安全处，易燃材料库要设置在拟建工程的下风向。

⑦苗木假植地应靠近水源及道路旁。

(3)加工厂和混凝土搅拌站的布置　确定材料加工厂和混凝土搅拌站位置总的指导思想是应使材料和构件的货运距离短，有关联的加工厂适当集中。

①如果有足够的混凝土输送设备，混凝土搅拌站宜集中布置，或现场不设搅拌站使用商品混凝土；当混凝土输送设备短缺时，可分散布置在使用地点附近或起重机旁。

②临时混凝土构件预制厂尽量利用建设单位的空地。

③钢筋加工厂设在混凝土预制构件厂及主要施工对象附近；木材加工厂的原木、锯材堆场应靠铁路、公路或水路沿线；锯材、成材、粗细木工加工间和成品堆场要按工艺流程布置，应设在施工区的下风向边缘。

(4)场内运输道路的布置

①提前修建永久性道路的路基和简单路面为施工服务。

②临时道路要把仓库、加工厂、堆场和施工点贯穿起来。按货运量大小设计双行环干道和单行支线。道路末端要设置回车场，路面一般为土路、砂石路或礁渣路。道路建造方法应查阅施工手册。

(5)临时房屋的布置

①尽可能利用已建的永久性房屋为施工服务，不足时再修建临时房屋，临时房屋应尽量采用活动房屋。

②全工地行政管理用房宜设在全工地入口处。职工用的生活福利设施，如商店、俱乐部等，宜设在职工较集中的地方，或设在职工出入必经之处。

③职工宿舍一般宜设在场外，并避免设在低洼潮湿地及有烟尘不利于健康的地方。

④食堂宜布置在生活区，也可视条件设在工地与生活区之间。

(6)水、电管网和动力设施的布置

①尽量利用已有的和提前修建的永久线路。

②临时总变电站应设在高压线进入工地处，避免高压线穿过工地。临时自备发电设备应设在现场中心，或靠近主要用电区域。

③临时水池、水塔应设在用水中心和地势较高处。管网一般沿道路布置，供电线路避免与其他管道设在同一侧，主要供水、供电管线采用环状。

④管线穿路处均要套以铁管，并埋入地下 0.6 m 处。

⑤过冬的临时水管须埋在冰冻线以下或采取保温措施。

⑥排水沟沿道路布置，纵坡不小于 0.2%，过路处须设涵管，在山地建设时应有防洪设施。

⑦消火栓间距不大于 120 m，距拟建房屋不小于 5 m，不大于 25 m，距路边不大于 2 m。

⑧各种管道布置的最小净距应符合规范的规定。

(7)绘制正式施工总平面布置图　绘制步骤简述如下：

①确定图幅大小和绘图比例。图幅大小和绘图比例应根据工地大小及布置内容多少来

确定。图幅一般可选用1～2号图纸，比例一般采用1∶1 000或1∶2 000。

②合理规划和设计图面。施工总平面图除要反映现场的布置内容外，还要反映周围环境和面貌(如已有建筑物、场外道路等)。故绘图时应合理规划和设计图面，并应留出一定的空余图面绘制指北针、图例及文字说明等。

③绘制建筑总平面布置图的有关内容。将现场测量的方格网，现场内外已建的房屋、构筑物、道路和拟建工程等，按正确的内容绘制在图面上。

④绘制工地需要的临时设施。根据布置要求及面积计算，将道路，仓库，加工厂和水、电管网等临时设施绘制到图面上去。对复杂的工程，必要时可采用模型布置。

⑤形成施工总平面图。在进行各项布置后，经分析比较、调整修改，形成施工总平面布置图，并作必要的文字说明，标上图例、比例、指北针。

完成的施工总平面布置图比例要正确，图例要规范，线条粗细分明，字迹端正，图面整洁、美观。

三、任务实施

(1)教师提供园林工程设计图及施工现场情况说明，设置若干施工平面布置图设计与绘制问题。

(2)学生分组讨论并回答问题。

四、学习评价

学习评价标准	分值	教学评价			总评
		小组评价40%	学生自评20%	教师评价40%	
掌握施工总平面布置图的基本知识	10				
掌握绘制施工平面布置图的方法	20				
能正确绘制施工总平面布置图	20				
自学能力	20				
完成任务态度	20				
出勤情况	10				
小计	100				

五、复习思考

1. 施工总平面布置图包含哪些内容？
2. 施工总平面布置图的设计依据是什么？
3. 如何绘制施工总平面布置图？

六、总结

重点:(1)施工总平面布置的内容。

(2)施工总平面布置图设计步骤和设计要求。

难点:根据园林工程设计图及施工现场情况说明绘制施工总平面布置图。

项目二总结

本项目通过对泰禾台湖2#项目招标文件的描述，讲述了园林工程如何进行技术、现场、劳动力、物资等准备工作以及怎样拟定主要工程施工方案等内容，通过具体的任务实施阐述了园林工程施工进度计划横道图和网络图的编制方法及相关知识，并对施工总平面布置图的设计与绘制方法进行了详细的介绍，为编制中标后的园林工程施工组织设计打下良好基础。

技能训练

1. 编制园林工程施工横道图进度计划

工程概况：

◆某滨河公园新增园路一条，长 1 000 m，宽 3 m，设计为厚 200 mm 级配砂石基层，厚 100 mm 混凝土垫层，面层为水泥砖，无路缘石。

◆项目工期要求为 6 月 1 日至 6 月 20 日，6 月 21 日公园搞活动。

◆基本施工工序为：道路定位放线、路槽开挖和残土外运、压路机碾压路槽、级配砂石垫层、商品混凝土垫层、水泥砖面层、清理现场。

◆项目可使用的工程机械只有钩机两台、压路机一台、自卸翻斗车若干台。

◆请在不影响成本的前提下，按照占用资源最少的原则绘制施工进度横道图。

◆劳动定额：

√开挖路槽(包括钩机开挖、装土、余土外运)：按 500 m^2/d 计算；

√压路机碾压路槽：按 1 000 m^2/d 计算；

√回填级配砂石(包括卸车、钩机摊平)：按 500 m^2/d 计算；

√压路机碾压砂石垫层：按 1 000 m^2/d 计算；

√混凝土垫层(包括模板的支护与拆卸、混凝土浇筑、振捣、抹平、养护)：按 500 m^2/d 计算；

√水泥砖面层(包括砂浆拌制、水泥砖铺砌、细沙扫缝)：按 300 m^2/d 计算。

◆说明：

√劳动定额为假定值，答题者不得改变；

√在排定进度的过程中，工程机械的数量不得自行改变；

√道路定位放线按 1 d 考虑；

√清理现场按 1 d 考虑；

√不考虑工程管理和技术人员数量；

√不考虑加班；

√混凝土泵送，不考虑现场二次运输；

√混凝土养护期按 6 d 计算；

√所有材料都能及时供应。

2. 编制园林工程施工网络图进度计划

(1)某园林工程各工序之间关系如下表，要求绘制双代号网络图。

工序名称	A	B	C	D	E	F
紧前工序	—	A	A	B	BC	DE
工期/d	12	10	5	7	6	4

(2)某园林工程网络计划的有关资料如下表所示，试绘制双代号网络图。

工序名称	A	B	C	D	E	F	G	H	I
紧前工序	—	A	A	B	BC	C	DE	EF	HG
工期/d	2	3	5	2	3	3	2	3	6

(3)根据表中逻辑关系，绘制双代号网络图。

工序名称	A	B	C	D	E	F
紧前工序	—	A	A	A	BCD	D
工期/d	2	6	5	3	2	1

3. 编制园林工程施工组织设计

园林工程项目描述如下，试编制施工组织设计。

(1)工程基本概况

①工程名称：泰禾台湖 2＃项目园区景观工程。

②工程地点：本工程位于北京市通州区台湖镇。

③工期：153 日历天，2015 年 7 月 1 日至 2015 年 11 月 30 日。

(2)施工范围　本工程景观面积约为 31 300 m^2，主要景观包括：车行路及人行路铺装、公租房及洋房、高板区间沥青路、大门及门房、园路广场、入户铺装、景观亭及廊架基础及石材贴面、水景、景观小品、外围墙、小院围墙、绿化种植、景观照明、景观给排水。

(3)质量要求　合格。

(4)施工特点

①本工程属于北京泰禾置业有限公司投资开发建设的公租房、洋房、高板区域。建设单位对于产品品质、计划管理、现场环境、安全文明、成本控制要求严格，尤其对施工单位在相对集中的一个时段内，在质量、进度、安全文明、分包商管理、内外部协调等方面提出了比较高的要求。

②本工程施工场地铺装较多，对施工顺序安排、工作面交接、作业人员能力有很高要求。

③本工程场区内有已建小区污水、电力、燃气、自来水等管道穿行。

④本工程邻近城市主干道和已建小区，周边环境相对复杂。

⑤本工程施工工序繁杂，各专业工种之间在工序上交替穿插频繁。

注：泰禾台湖 2＃项目招标文件、工程承包合同文件、施工图样及工程量清单由教师提供。

Project 3

园林工程项目施工管理

项目引言

园林企业在获得园林项目的施工承包权后，根据与业主签订的承包合同，按照设计图纸及其他设计文件的要求，根据施工企业自身的条件与类似工程施工的经验，采取规范的施工程序，按照现行的国家及行业相关技术标准或施工规范，以先进科学的工程实施技术和现代科学管理手段，进行园林施工管理工作。

为培养学生园林工程施工管理专业技能及满足社会对园林施工管理岗位技术技能型人才的需要，本项目对园林工程施工管理工作的具体内容——质量、进度、成本、安全的控制，合同管理、现场管理等施工管理步骤，以及工程竣工验收、交付使用和园林绿化养护管理等一系列工作进行详细的讲解。

学习目标

了解　施工现场、安全、合同等管理内容。

熟悉　施工资料、竣工验收、绿化养护等管理方法。

掌握　施工质量、进度、成本三大控制手段。

能够　按施工管理规范要求实施园林工程项目施工管理。

工作任务一　施工质量管理

一、任务描述

任务说明

1. 本任务主要学习园林工程施工质量管理的相关知识，包括基本概念、施工质量的形成因素及特点、园林绿化及建筑小品工程的质量检验评定、施工质量管理的程序和方法等。

2. 学生分组讨论学习。

任务要求

1. 针对具体园林绿化工程，能进行施工质量的检验评定工作。

2. 针对具体园路工程，能进行园路质量验收。

3. 针对园林工程质量问题，会应用质量统计分析方法分析问题，制定对策解决问题。

二、相关知识

（一）园林工程施工质量概述

1. 施工质量及质量控制的概念

施工质量是通过园林工程施工全过程所形成的工程质量，使之满足用户生产或生活需要，而且必须达到设计、规范和合同规定的质量标准。施工质量的优劣，不仅关系到工程的适用性，而且还关系到人民生命财产的安全。

质量控制是为达到质量要求所采取的作业技术和活动。质量控制目标是施工管理中的一个主要目标。在市场竞争机制下，工程质量是园林企业的信誉、生命，有了信誉，才能提高竞争力和效益。质量与进度、成本、安全之间有着密切的联系，它们之间存在着辩证统一的关系，进度过快、成本降低都可能影响工程质量，进而产生安全隐患。因此，质量是园林工程施工的核心，要达到一个高的工程施工质量，就需要进行全面质量管理。

2. 全面质量管理

全面质量管理（TQC）又称为“三全管理”，即全过程的管理、全企业的管理和全体人员的管理。

全面质量管理是园林施工企业为了保证和提高工程质量，对施工的整个企业、全部人员和施工的全部过程进行的质量管理。它包括产品质量、工序质量和工作质量，参与质量管理的人员也是全面的，要求施工部门及全体人员在整个施工过程中都应积极主动地参与工程质量管理。

3. 园林工程施工质量的形成因素和阶段因素

（1）人的质量意识和质量能力　人是质量活动的主体，对园林工程而言，人是泛指与工程有关的单位、组织及个人，包括建设单位、勘察设计单位、施工单位、监理单位、政府主管及工程质量监督检测单位、策划者、设计者、作业者、管理者等。

(2)园林建筑材料、植物材料及相关工程用品的质量　园林工程质量的水平在很大程度上取决于园林材料和栽培园艺的发展。因此,选择的材料、构配件和工程用品的质量规格、性能特征是否符合设计规定标准,直接关系到园林工程质量的形成。

(3)工程施工环境　工程施工环境包括施工现场和周边的地质、地貌、水文、气候等自然环境;施工现场的通风、照明、安全卫生防护设施等劳动作业环境;以及由工程承发包合同所涉及的多单位、多专业共同施工的管理关系,组织协调方式和现场质量控制系统等构成的社会环境。这些环境条件对工程质量的形成有着重要的影响。

(4)决策因素(阶段因素)　决策因素(阶段因素)是指经过可行性研究、资源论证、市场预测、决策的质量。决策人应从科学发展观的高度,充分考虑质量目标的控制水平和可能实现的技术经济条件,确保社会资源不浪费。

(5)设计阶段因素　园林植物的选择、植物资源的生态习性以及园林建筑物构造与结构设计的合理性、可靠性和可施工性都直接影响施工质量。

(6)工程施工阶段质量　施工阶段是实现质量目标的重要阶段,在这一阶段应有一套最佳施工组织设计,其中最重要的环节是施工方案的质量,包括施工技术方案和施工组织方案。施工技术方案是指施工的技术、工艺、方法和机械、设备、模具等施工手段的配置;施工组织方案是指施工程序、工艺顺序、施工流向、劳动组织等方面的决定和安排。通常的施工程序是先准备后施工,先场外后场内,先地下后地上,先深后浅,先栽植后道路,先绿化后铺装等,都应在施工方案中明确。

(7)工程养护质量　园林工程最终产品的形成很大程度上取决于工程养护期的工作质量。工程养护对绿化景观比例高的工程尤其重要,这就是园林工程行业人士常说的"三分施工,七分养管"的意义所在。

4. 园林工程质量的特点

园林工程产品(园林建筑、绿化产品)质量与工业产品质量的形成有显著的不同。园林工程产品位置固定,占地面积通常较大;园林建筑单体结构较复杂、体量较小、分布零散、整体协调性要求高;园林植物材料具有生命力;施工工艺流动性大,操作方法多样;园林要素构成复杂,质量要求不同,特别是对满足"隐含需要"的质量要求很难把握;露天作业受自然和气候条件制约因素多,建设周期较长。所有这些特点,导致了园林工程质量控制难度与其他建设项目的不同,具体表现在:

(1)制约工程质量的因素多,随机的、不确定的因素多。

(2)工程质量波动大,复杂性高。

(3)考核判断工程质量的难度大。

(4)工程软质景观质量考评标准带有很强的专业性、地方性和主观性。

(5)技术检测手段很不完善。

(6)产品检查很难拆卸解体。

5. 影响园林工程施工质量因素的控制

影响园林工程施工质量的因素主要有5个方面:人、材料、机械、方法和环境。事前对这五方面的因素严加控制,是保证施工质量的关键。

(1)人的控制　人是园林工程施工的主要因素,是直接参与施工的组织者、指挥者和操作者。人，作为控制的对象，要避免产生失误；作为控制的动力，要充分调动其积极性，发挥其主导作用。为此，除加强政治思想教育、劳动纪律教育、职业道德教育、专业技术培训，健全岗位责任制，改善劳动条件，公平合理地激励劳动热情以外，还需根据工程特点，从确保质量出发，在人的技术水平、人的生理缺陷、人的心理状态、人的错误行为等方面来控制人的使用。如对技术复杂、难度大、精度高的工序或操作，应由技术熟练、经验丰富的工人来完成；反应慢、应变能力弱的人，不能操作快速运行、动作复杂的机械设备；对某些要求万无一失的工序和操作，一定要分析人的心理行为，控制人的思想活动，稳定人的情绪；对具有危险源的现场作业，应控制人的错误行为，严禁吸烟、打赌、嬉戏，防止误判断、误操作等。

此外，应严格禁止无技术资质的人员上岗操作；对不懂装懂、图省事、碰运气、有意违章的行为，必须及时制止。总之，在使用人的问题上，应从政治素质、思想素质、业务素质和身体素质等方面综合考虑，全面控制。

(2)材料的控制　材料的控制包括原材料、成品、半成品、构配件等的控制，主要是严格检查验收，正确合理地使用，建立管理台账，进行收、发、储、运等各环节的技术管理，避免混料和将不合格的原材料使用到工程上。

(3)机械的控制　机械的控制包括施工机械设备、工具等的控制。根据不同工艺特点和技术要求，选用合适的机械设备，正确使用、管理和保养。最终目的是确保机械设备在时间和空间上处于最合理、最佳的使用状态。

(4)方法的控制　这里所说的方法的控制，包含施工方案、施工工艺、施工组织设计、施工技术措施等的控制，主要应切合工程实际解决施工难题，技术可行，经济合理，有利于保证质量、加快进度、降低成本。

(5)环境的控制　影响工程质量的环境因素较多，有工程技术环境，如工程地质、水文、气象等；工程管理环境，如质量保证体系、质量管理制度等；劳动环境，如劳动组合、作业场所、工作面等。环境因素对工程质量的影响具有复杂多变的特点，如气象条件变化万千，温度、湿度、大风、暴雨、酷暑、严寒都直接影响工程质量。又如前一工序往往就是后一工序的环境，前一分部、分项工程也就是后一分部、分项工程的环境。因此根据工程特点和具体条件，应对影响质量的环境因素，采取有效的措施严加控制。尤其是施工现场，应建立文明施工和文明生产的环境，保持材料工件堆放有序，道路畅通，施工场所清洁整齐，施工程序井井有条，为确保质量、安全创造良好的条件。

(二)园林工程各阶段的质量管理

1. 施工准备阶段的质量管理

施工准备阶段的质量控制又称为事前控制，属于一种预防性控制，是为保证园林施工正常进行而必须事先做好的工作。施工准备不仅在工程开工前要做好，而且贯穿于整个施工过程。施工准备的基本任务就是为工程建立一切必要的施工条件，确保施工生产顺利进行，确保工程质量符合要求。施工准备阶段对施工质量有很大影响，由于施工准备内容很多，这里仅叙述事前控制的一些主要工作。

(1)积极参加图纸会审和设计交底工作。通过会审图纸和设计交底，可以广泛听取技术人员、施工人员的正确意见，弥补设计上的不足，提高设计质量；同时可以使施工人员全面了解设计意图、内容。

(2)做好施工组织设计编制过程中的质量控制。施工组织设计是指导施工准备和组织

施工的全面性技术经济文件。对施工组织设计,要求进行两个方面的控制:

一是选定施工方案后,制定施工进度时,必须考虑施工顺序、施工流向,主要分部、分项工程的施工方法,特殊项目的施工方法和技术措施能否保证工作质量;

二是制定施工方案时,必须进行技术经济比较,使园林工程在符合设计要求、保证质量的前提下,求得施工工期短、成本低、安全生产、效益好的施工过程。

(3)检查临时设施的搭设是否符合质量和使用要求。

(4)检查施工人员是否具备相应的操作技术和资格。

(5)检查机械设备是否可以进入正常的作业运行状态。

(6)对原材料逐一核实产品合格证或在使用前进行复验,以确认材料的真实质量,保证其符合设计的要求。

(7)做好技术交底工作。通过技术交底,使施工人员熟悉承建工程的技术要求、施工重点难点、施工方法、质量标准,做到施工人员对自己的工作心中有数,确保工程质量。

2. 施工阶段的质量管理

施工阶段的质量控制又称为事中控制。该阶段要按照施工组织设计总进度计划,编制具体的月度和分项工程施工作业计划和相应的质量计划。对材料、机具设备、施工工艺、操作人员、生产环境等影响质量的因素进行控制,以确保园林施工产品总体质量处于稳定状态。由于施工的过程就是园林产品的形成过程,也是质量的形成过程,所以,施工阶段的质量控制是施工质量控制的中心环节,其控制内容有以下几点:

(1)按图施工。经过会审的图纸是施工的依据,从理论上讲,满足了图纸的要求,也就满足了用户的要求,达到了用户的质量标准。

(2)遵守园林工程施工工艺规程。在技术交底的基础上,园林工程项目施工应执行"施工工艺标准",要求作业人员严格执行各项作业活动和各道工序的施工规范、操作规程、工作顺序和质量要求。

(3)设置工序质量控制点,确保工序质量。工序质量控制点是指为了保证工序质量而需要进行控制的重点。在施工过程中,每道工序的施工条件、施工内容、质量标准及对工程质量的影响程度是不同的,设置质量控制点可以在一定时期内一定条件下实行质量控制的强化管理,使工序质量处于良好的状态,使工程施工质量控制得到保证。

(4)及时进行质量检查。施工过程中应及时对每道工序进行质量检查,及时掌握质量动态,一旦发现质量问题,随即研究处理,使每道工序质量满足规范和标准的要求。

3. 竣工验收阶段的质量管理

竣工验收阶段的质量控制又称为事后控制,它属于一种合格控制。园林产品的竣工验收质量控制包含两个方面的含义:

(1)工序间交工验收工作的质量控制　工程施工中往往上道工序的质量成果被下道工序覆盖,分部或分项工程质量成果被后续的分部或分项工程覆盖。因此,要对施工全过程的分部与分项工程施工的各工序进行质量控制,要求项目部施工技术人员、项目质检员及班组实行保证本工序,监督前工序,服务后工序的自检、互检、交接检和专业性的"中间"质量检查,保证不合格工序不转入下道工序。出现不合格工序时,做到"三不放过":原因未查清不放过、责任未明确不放过、措施未落实不放过,并采取必要的措施,防止再次发生。

(2)竣工交付阶段的质量控制　单位工程或单项工程竣工后,先由项目部经理组织项目技术员、质检员对其进行自检，自检通过后通知公司技术部对其预验收，验收时需严格按照设计图纸、验收标准，对工程的施工质量进行全面鉴定、评定等级，作为竣工交付的依据。工程进入交工验收阶段，项目部应有计划、有步骤、有重点地进行收尾工程的清理工作，通过交工前的预验收，找出漏项项目和需要修补的部位，并及早安排施工整改。同时还应做好竣工工程产品保护，以提高工程的一次验收成功率及减少竣工后返工维修。园林工程项目经自检、预验收后，与建设单位、设计单位和上级有关部门进行正式的交工验收工作。

4. 质保阶段的质量控制

园林工程在竣工验收合格交予甲方使用后，一般质保期为一年，特殊情况下可与甲方进行合同约定质保期限。质量保修期间，主要是绿化养护的质量问题，其控制应按照以下规定执行：

(1)养护主管须对现场的苗木情况进行巡查、记录，并分析其存在的问题，制订养护计划。

(2)养护主管依据计划安排养护技工，分片区对其进行养护，对特殊的苗木应做好养护技术交底，并做好交底资料。

(3)养护主管须定期或不定期的检查、巡查养护情况，对不合格的养护制定特殊养护方案，并限期改正。

(4)公司质检员定期对养护情况做检查，并做好园林植物养护质量检查记录，对养护不合格的限期整改。

(5)养护技工应做好所辖区域内苗木的杂草清除、松土、施肥、修剪、浇水、病虫害防治、补栽等工作，其合格率应在95%以上。

(三)园林工程施工质量管理程序和流程

1. 园林工程施工质量管理程序

园林工程施工质量的管理程序可分为四个阶段和八个步骤。

(1)四个阶段　园林工程施工质量管理和其他各项管理工作一样，要做到有计划、有措施、有执行、有检查、有总结，才能使质量管理工作循序渐进，保证工程质量不断提高。为不断揭示园林工程项目施工过程中在生产、技术、管理诸方面的质量问题，解决的方法就是先有分析，提出设想，安排计划，按计划执行，在执行中进行动态检查、控制和调查。工程质量计划、执行、检查和处理四个阶段，也称为PDCA循环。

第一阶段为计划(P)阶段：确定任务、目标、活动计划和拟定措施。

第二阶段为执行(D)阶段：按照计划要求及制定的质量目标、质量标准、操作规程去组织实施，进行作业标准教育，按作业标准施工。

第三阶段为检查(C)阶段：通过作业过程、作业结果将实际工作结果与计划内容相对比，通过检查，看是否达到预期效果，找出问题和异常情况。

第四阶段为处理(A)阶段：总结经验，改正缺点，将遗留问题转入下一循环。

(2)八个步骤　园林工程施工质量管理程序的四个阶段又可具体分为八个步骤。第一阶段有四个步骤，第二阶段、第三阶段各有一个步骤，第四阶段有两个步骤，分述如下：

第一步：分析现状，找出存在的质量问题，并用数据加以说明。

第二步：掌握质量规格、特性，分析产生质量问题的各种因素，并逐个进行分析。

第三步：找出影响质量问题的主要因素，通过抓主要因素解决质量问题。

第四步：针对影响质量问题的主要因素，制定计划和活动措施。计划和措施应该具体明确，有目标、有期限、有分工。

以上四步是四个阶段的第一阶段，可在园林施工项目前期准备的施工项目策划书中和施工组织设计中得以体现。

第五步：即第二阶段，为质量计划执行阶段。按照质量计划的要求及制定的质量目标、标准、操作规程组织实施，并进行作业标准教育，按作业标准施工。

第六步：即第三阶段，为质量计划检查阶段。通过作业过程、作业结果将实际工作结果与计划内容对比，并通过检查，看是否达到预期效果，找出问题和异常情况。

第七步：处理检查结果。按检查结果，总结成败两方面的经验教训，成功的纳入标准规程，予以巩固；不成功的出现异常时，应调查原因，消除异常，吸取教训，引以为戒，防止再次发生。

第八步：处理本循环尚未解决的问题，转入下一循环中去，通过再次循环求得解决。

以上第七、第八步是四个阶段的第四阶段，为质量问题和异常情况处理阶段。

随着循环管理的不停转动，原有的矛盾解决了，又会产生新的矛盾，矛盾不断产生而不断被克服，克服后又产生新的矛盾，如此循环不止。每次循环都把质量管理活动推向一个新的高度。

2. 园林工程施工质量管理流程

参见图 3-1-1。

(四)园林工程建设质量检验与评定

园林工程建设质量检验与评定是园林工程质量管理的主要手段，是园林作品能满足设计要求及工程质量的关键环节。质量检验应包括园林作品质量和施工过程质量两部分，前者应以安全程度、景观水平、外观造型、使用期限、功能要求及经济效益为主；后者则以工程质量为主，包含设计、施工、检查验收等环节。对上述全过程的质量管理构成了园林工程项目全面质量管理的主要内容。

一般园林工程的质量按绿化分项工程和园林建筑及小品分项工程划分进行检验评定。

1. 绿化分项工程质量检验与评定

(1)栽植土

①园林栽植土宜是肥沃、疏松、透气，保水、保肥能力强，适宜于园林植物生长的土壤。

②栽植土的 pH 应控制在 6.5～7.5，对喜酸性的植物 pH 应控制在 5～6.5。

③屋顶绿化、平台绿化的栽植土应以腐殖土为主，并掺蛭石、珍珠岩及经腐烂的木屑等质轻、排水良好的基质。

④用于珍贵珍稀树木的栽植土应进行消毒处理。

⑤栽植土严禁使用建筑垃圾土、盐碱土、重黏土、沙土及含有其他有害成分的土壤。

⑥严禁在栽植土下有不透水层。

⑦树木栽植土土层厚度应符合表 3-1-1 的规定。

(2)植物材料　园林绿化工程中的植物材料是指园林中作为观赏、组景、分隔空间、装饰、庇荫、防护、覆盖地面等用的木本或草本植物。

园林植物质量应分别符合表 3-1-2、表 3-1-3、表 3-1-4、表 3-1-5 的要求。

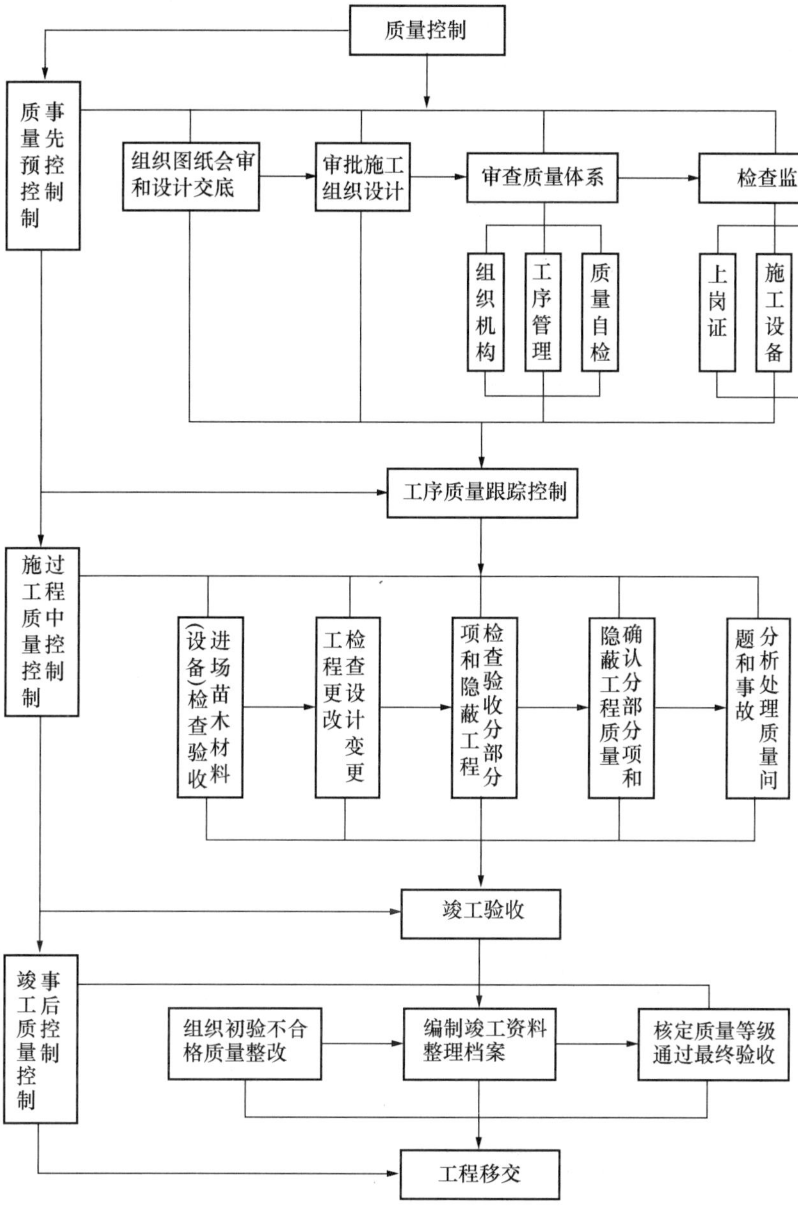

图 3-1-1　园林工程施工质量管理流程

表 3-1-1　树木栽植土土层厚度要求

cm

栽植种类	乔木		灌木		藤木		备注
	深根	浅根	大	小	大	小	
一般栽植	≥120	80～160	60	40	60	40	
屋顶、平台栽植	100		40		30		宜栽亚乔木、花灌木

表 3-1-2　乔木的质量要求

栽植地方	质量要求			
	树干	树冠	根系	病虫害
主干道、广场、公园、单位附属绿地主干道（含中心绿地）等绿地	主干挺直或按设计要求	枝叶茂密、层次分明、冠形均匀	土球符合要求，根系完整	无病虫害
次干道及除上述绿地和林地外的其他绿地	主干不应有明显弯曲或按设计要求	冠形均匀、无明显损伤	土球符合要求，根系完整	无明显病虫害
林地	主干弯曲不超过一次或按设计要求	树冠无严重损伤	土球符合要求，根系完整	无明显病虫害

表 3-1-3　灌木的质量要求

株型	要求
自然式	植株姿态自然、优美，丛生灌木分枝不少于 5 枝，且生长均匀，无明显病虫害，树龄一般以 3 年左右为宜
整形式	冠形呈规则式，根系完好，土球符合要求，无明显病虫害

表 3-1-4　藤木的质量要求

地径	要求
0.5 cm 以上	树干已具有攀缘性，根系发达，枝叶茂密，无明显病虫害，树龄一般以 2～3 年为宜

表 3-1-5　绿篱的质量要求

冠径	要求
40 cm	生长旺盛，具有冠形，根系完好，无明显病虫害，不脱脚叶

（3）树木栽植

①栽植季节。落叶树木应在发芽前或落叶后降霜前进行；畏寒树木不宜在冬季栽植；情况较特殊的个别树种，应另行参照有关资料。

②树木栽植。

a. 各项栽植工序应密切衔接，做到随挖、随运、随种、随养护。树木起掘后，不得暴晒或失水，若不能及时种植，应采取保护措施，如喷水、覆盖、假植等。

b. 在栽植过程中，若遇气温骤升骤降或遇大风大雨等特殊天气，应暂停栽植，且要采取临时保护措施。

c. 树穴规格的大小深浅，应按植株的根盘或土球直径适当放大，使根盘能充分舒展。高燥地树穴稍深,低地可稍浅。树穴规格应符合表3-1-6、表3-1-7的要求。

表3-1-6 绿篱树穴规格

cm

冠幅	单行种植树穴	双行种植树穴	备注
	规格:宽×深	规格:宽×深	
30×30	50×40	70×40	双行种植呈品字形
40×40	60×45	90×45	
50×50	70×55	110×55	
60×60	70×60	130×60	

表3-1-7 乔灌木树穴规格

cm

分类		规格	树穴直径	树穴深	备注
乔木	胸径	3~4	50~60	40~50	乔木按胸径(胸径以离地1.3 m计),亚乔木按地径
		4~5	60~70	50~60	
		5~6	70~80	60~70	
		6~8	80~100	70~80	
		8~10	100~120	80~90	
灌木	冠径	40~60	30~50	40~50	
		60~80	50~70	50~55	
		80~100	70~90	55~60	
		100~120	90~110	60	
		120~140	100~120	65	
藤木	地径	<2	30	30	
		2~3	40	35	
		3~4	45	40	
		4~5	50	45	
竹类		丛	110~120	40	散生竹按土台适当扩大

(4)草坪栽植

①草坪的坡度不宜过大,应以利于排水、修剪、游人安全为原则。

②各类草坪的覆盖度应大于95%,集中空秃面积不超过40 cm^2。

③草坪覆盖度达到95%所需时间,籽播、茎播、分植带铺设在2~3个月内,满铺草坪成活时间,生长季节应在1个月内,非生长季节不超过3个月。

④草坪纯净度:单纯性草坪纯洁度保持大于95%。混合草坪应达到没有影响景观的双子叶植物和与草坪不协调的禾本科植物的要求。

(5)绿化工程验收　绿化工程验收时,种植材料、种植土和肥料等,均应在种植前由施工人员按其规格、质量分批进行验收。

2. 园林建筑及小品分项工程质量检验与评定

(1)园路工程　园路工程指园林中的道路工程,包括园路布局、路面结构和地面铺装等的设计。凡在公共绿地、居住区绿地、单位附属绿地等各级各类绿地及风景名胜区内具有引导游览、组织交通、构成园景功能的道路、游步道、登山道统称为园路。

园路工程质量检验评定总体要求:建设园路工程必须以有关审批文件为依据,且其施工必须有完整的设计图纸；园路建设应体现功能、景观双重要素，使其在引导交通的同时具有观赏价值；园路最小宽度应大于1.2 m；路径布局要合理，弯曲道路应采取适当措施，避免游人走捷径损坏绿化；园路线形应流畅、优美、舒展，断面形式、尺度、路面材料的质感、色泽等应与周边环境协调；如遇古树名木或干径在15 cm以上的树木，应原地保留，道路避让；园路设计要区分人行道和机动车道，对通行1.5 t以上的机动车道则按市政道路的有关规范执行；不允许机动车通行的园路，可在与机动车道交接部位设置花坛、景石等路障防止机动车破坏人行园路；主干道应设置无障碍通道，道路纵坡等应符合《城市道路和建筑物无障碍设计规范》(JGJ 50—2001)的有关规定；园路路面结构要符合面层薄、结合层平、垫层强、土基层稳定等要求，如遇软土地基，应进行补强处理；园路标高设计应尽量利用原有地势、地形；路面宜平整、防滑；路面材料的选择应符合经济、适用、美观原则，尽量选用当地材料，每批路面材料进场时，现场施工人员均应进行验收，石料应抽样进行强度试压，并做好记录，软石应按大小和色泽分别堆放；园路工程应在主体工程、地下管线工程完工后，方可进行施工。

园林中园路铺装工程质量检验评定标准如下。

①混凝土路面工程：

a. 混凝土面层不得有裂缝，不得有石子外露和浮浆、脱皮、印痕、积水等现象。

b. 伸缩缝必须垂直，缝内不得有杂物，伸缩必须全部贯通。

c. 切缝直线段线直，曲线段应弯顺，不得有夹缝，灌缝不漏缝。

d. 混凝土路面工程偏差应符合表3-1-8规定。

表3-1-8　混凝土路面工程允许偏差

序号	项目	允许偏差/mm	检验频率		检验方法
			范围	点数	
1	厚度	不得小于设计	每块	2	用尺量
2	相邻板高差	3	缝	1	用尺量
3	平整度	5	块	1	用3 m直尺量取最大值
4	横坡	±10且不大于±0.3%	20 m	1	用水准仪具测量
5	纵缝直顺	10	100 m缝长	1	拉20 m小线量取最大值
6	横缝直顺	10	40 m缝长	1	沿路宽拉线量取最大值
7	井框与路面高差	3	每座	1	用尺量取最大值

②路缘石安装工程：

a. 路缘石应边角齐全、外形完好、表面平整，可视面宜有倒角。除斜面、圆弧面、边削角面构成的角之外，其他所有角宜为直角。路缘石面层(料)厚度，包括倒角的表面任何一部位的厚度，应不小于4 mm。

b. 路缘石必须稳固，并应线直、弯顺、无折角，顶面应平整无错牙。路缘石不得阻水。

c. 背后回填必须密实。

d. 路缘石安装允许偏差应符合表3-1-9规定。

表 3-1-9　路缘石安装允许偏差

<table>
<tr><th rowspan="2">序号</th><th rowspan="2">项目</th><th rowspan="2" colspan="2">允许偏差/mm</th><th colspan="2">检验频率</th><th rowspan="2">检验方法</th></tr>
<tr><th>范围/m</th><th>点数</th></tr>
<tr><td rowspan="2">1</td><td rowspan="2">直顺度</td><td>水泥砼</td><td>10</td><td rowspan="2">100</td><td rowspan="2">1</td><td rowspan="2">拉 20 m 小线量取最大值</td></tr>
<tr><td>花岗岩</td><td>5</td></tr>
<tr><td rowspan="2">2</td><td rowspan="2">相邻块高差</td><td>水泥砼</td><td>2</td><td rowspan="2">20</td><td rowspan="2">1</td><td rowspan="2">用尺量</td></tr>
<tr><td>石材</td><td>1</td></tr>
<tr><td rowspan="2">3</td><td rowspan="2">缝宽</td><td>水泥砼</td><td rowspan="2">±2</td><td rowspan="2">20</td><td rowspan="2">1</td><td rowspan="2">用尺量</td></tr>
<tr><td>石材</td></tr>
</table>

③广场砖和大理石(花岗岩)板铺装工程:

a. 铺砌必须平整稳定,灌缝应饱满,不得有翘动现象,面层与其他构筑物应接顺,不得有积水现象。

b. 大小方砖表面平整,不得有蜂窝、脱皮、裂缝,色彩均匀、棱角整齐。

c. 广场砖和大理石板铺装偏差应符合表 3-1-10 规定。

表 3-1-10　广场砖和大理石板铺装允许偏差

<table>
<tr><th>序号</th><th>项目</th><th colspan="2">允许偏差/mm</th><th>检验频率</th><th>检验方法</th></tr>
<tr><td rowspan="2">1</td><td rowspan="2">平整度</td><td>贝斯特砖</td><td><5</td><td rowspan="2">每桩号(1 点)</td><td rowspan="2">用塞尺量</td></tr>
<tr><td>大理石板</td><td><3</td></tr>
<tr><td rowspan="2">2</td><td rowspan="2">相邻块高差</td><td>贝斯特砖</td><td>±2</td><td rowspan="2">40 m</td><td rowspan="11">用尺量</td></tr>
<tr><td>大理石板</td><td>±1</td></tr>
<tr><td>3</td><td>横坡</td><td colspan="2">±0.3%</td><td>每桩号(1 点)</td></tr>
<tr><td rowspan="2">4</td><td rowspan="2">纵缝直顺</td><td>贝斯特砖</td><td>≤10</td><td rowspan="2">20 m</td></tr>
<tr><td>大理石板</td><td>≤5</td></tr>
<tr><td rowspan="2">5</td><td rowspan="2">横缝直顺</td><td>贝斯特砖</td><td>≤10</td><td rowspan="2">20 m</td></tr>
<tr><td>大理石板</td><td>≤2</td></tr>
<tr><td rowspan="2">6</td><td rowspan="2">缝宽</td><td>贝斯特砖</td><td>≤3</td><td rowspan="2">10 m</td></tr>
<tr><td>大理石板</td><td>≤2</td></tr>
<tr><td>7</td><td>井框与路面高差</td><td colspan="2">≤3</td><td>每座</td></tr>
</table>

d. 广场砖和大理石板外观规格偏差应符合表 3-1-11 规定。

表 3-1-11　广场砖和大理石板外观规格允许偏差

<table>
<tr><th>序号</th><th>实测项目</th><th colspan="2">允许偏差/mm(处)</th><th>检验频率</th><th>检验方法</th></tr>
<tr><td>1</td><td>砼抗压强度</td><td colspan="2">不小于设计规定</td><td>台班</td><td>检查试块试压报告</td></tr>
<tr><td>2</td><td>对角线长度</td><td colspan="2">3</td><td rowspan="6">每 100 块抽 10 块</td><td rowspan="5">用尺量</td></tr>
<tr><td>3</td><td>厚度</td><td colspan="2">±3</td></tr>
<tr><td rowspan="2">4</td><td rowspan="2">外露面缺边掉角</td><td>贝斯特砖</td><td><10 不得多于 1 处</td></tr>
<tr><td>大理石板</td><td>不得有损坏</td></tr>
<tr><td>5</td><td>边长</td><td colspan="2">±3</td></tr>
<tr><td>6</td><td>外露面平整度</td><td colspan="2">1</td><td>用水平尺、横塞尺量</td></tr>
</table>

④卵石铺装工程：

a. 卵石的规格、颜色应符合设计要求。

b. 铺装基层应牢固并清扫干净。

c. 卵石黏结层的水泥砂浆或混凝土标号应满足设计要求。

d. 卵石镶嵌时大头朝下，埋深不小于2/3。

e. 卵石顶面应平整一致（用木枋拍平）。

f. 铺装成形的卵石及时用抹布擦干净，保持外露部分的卵石干净、美观、整洁。

g. 铺装养护后的卵石面层必须牢固。

（2）假山叠石工程　假山叠石及景石布置工程是指采用自然景石堆叠而成的山石、立峰以及溪流、水池、花坛等处的景石堆置和散置工程，是一种造景手段。

园林假山叠石工程必须以有关审批文件为依据。承担假山叠石工程的建设、施工、监理单位应具有相应的资质，不得越级承担。施工人员应具有假山工岗位证书，不得无证上岗。综合工程中的假山叠石工程，应在主体工程、地下管线等完工后方可施工。假山叠石工程的基础部分应与土建工程相关的施工规程相符。选用景石的石种、块面、色泽应符合设计要求，石质必须坚实、无损伤、无裂痕、表面无脱落。峰石的造型和姿态，应达到设计的艺术构思要求。假山叠石、峰石堆置或景石布置，必须根据现场的施工条件，配备起吊设备，搭设架子及防护栏。

（3）木结构工程　木结构工程质量检验评定适用于园林建筑及小品中一般木结构的花架、钢木组合等的制作与安装工程和木门窗制作工程。木材的树种，材质等级、含水率和防腐、防虫、防火处理以及制作质量必须符合设计要求和施工规范规定。钢木组合所采用的钢材及附件的材质、型号、规格和连接构造等必须符合设计要求和施工规范规定。木结构支座、节点构造必须符合设计要求和施工规范规定。榫槽必须嵌合严密，连接必须牢固无松动。检验方法：观察和利用手推拉及尺量。

3. 质量检验相关内容

园林工程施工质量检验是工程质量管理的重要环节，搞好质量检验，能确保工程质量达到用最经济的手段创造出最佳的园林艺术作品的目的，因此，重视质量检验，树立质量意识，是园林工作者的起码素质条件。要做好这一工作，必须做好以下几个方面的工作：

（1）对园林工程质量标准的分析和质量保证体系的研究。

（2）熟悉工程所需的材料、设备检验资料。

（3）施工过程中工程质量管理。

（4）与质量相关的情报系统工作。

（5）对所采用的质量方法和手段进行反馈和研究。

（6）对技术人员、管理人员及工人进行质量教育和培训。

（7）定期进行质量工作效果和经验分析、总结。

（8）及时对质量问题进行处理并采取相关措施。

（五）园林工程施工质量管理方法

园林工程建设质量检验与评定的方法很多，目前应用于园林施工中的质检方法主要有调查表法、分层法、排列图法、因果分析图法、直方图法、控制图法、相关图法7种。常用的方法是排列图法和因果分析图法。这几种统计方法均需取样本，依据质量特性，绘制成必要的质量评价图用以对施工对象做出质量判断(图 3-1-2)。

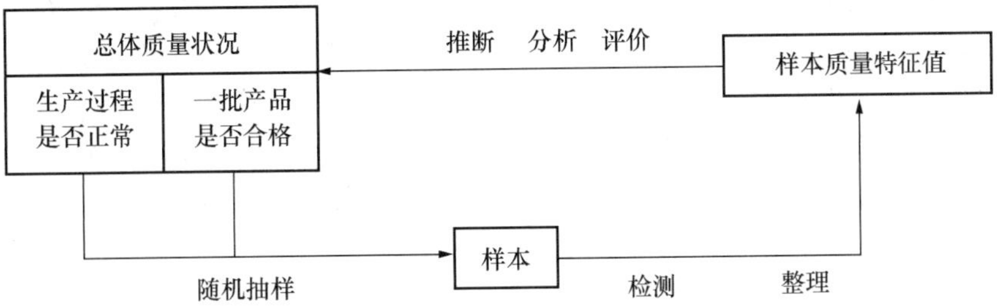

图 3-1-2　工程质量统计推断工作过程

1. 调查表法

调查表法又称调查分析法,它是利用专门设计的调查表(分析表)对质量数据进行收集、整理和粗略分析质量状态的一种方法。

在园林工程质量管理活动中,利用调查表收集数据,简便灵活,便于整理,实用有效。此方法应用广泛,但没有固定格式,可根据实际需要和具体情况,设计出不同的调查表。常用的有:分项工程作业质量分布调查表、不合格项目调查表、不合格原因调查表、施工质量检查评定调查表等。

调查表法往往同分层法结合起来应用,可以更好、更快地找出问题的原因,以便采取改进的措施。

2. 分层法

分层法又称分类法、分组法,它是将调查收集的原始数据,根据不同的目的和要求,按某一性质进行分组、归类和整理的分析方法。

分层的目的在于把杂乱无章和错综复杂的数据和意见加以归类汇总,以使数据层间的差异突出地显示出来,且使层内的数据差异减少。在此基础上再进行层间、层内的比较分析,以此更深入地发现和认识质量问题的原因。

分层的原则是使同一层内的数据波动(或意见差异)幅度尽可能小,而层与层之间的差别尽可能大。由于产品质量是多方面因素共同作用的结果,因而对同一批数据,可以按不同性质分层,从不同角度来考虑、分析产品存在的质量问题和影响因素。

分层的方法很多,常用的有:

(1)按操作班组或操作者分层;

(2)按使用机械设备型号分层;

(3)按操作方法分层;

(4)按原材料规格、供应单位、供应时间或等级分层;

(5)按施工时间分层;

(6)按检查手段、工作环境等分层。

分层法是质量统计分析方法中最基本的一种方法,其他统计方法一般都要与分层法配合使用,比如排列图法、直方图法、控制图法、相关图法、因果分析图法,常常是先利用分层法将原始数据分类,然后再进行统计分析。

3. 排列图法

排列图法是利用排列图寻找影响质量主次因素的一种有效方法。

排列图又称巴雷特图或主次因素分析图，它是由两个纵坐标、一个横坐标、几个连起来的直方形和一条曲线组成的，如图 3-1-3 所示。左侧纵坐标表示频数或件数，右侧纵坐标表示累计频率，横坐标表示影响质量的因素或项目，按影响程度大小(频数)从左至右排列，直方形的高度表示某个因素的影响大小(频数)。实际应用中，通常将累计频率按(0～80%)、(80%～90%)、(90%～100%)分为三部分，与其对应的影响因素分别为 A、B、C 三类。A 类为主要因素，B 类为次要因素，C 类为一般因素。根据右侧纵坐标，画出累计频率曲线，又称为巴雷特曲线。

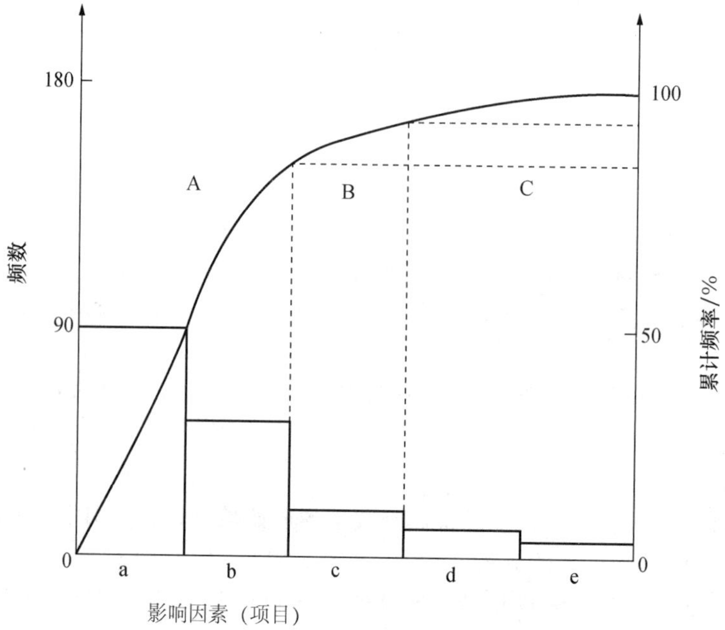

图 3-1-3　排列图法

4. 因果分析图法

因果分析图又称树枝图或鱼刺图，它是一种逐步深入研究和讨论质量问题的图示方法。运用因果分析图可以帮助我们制定对策，解决工程质量上存在的问题，从而达到控制质量的目的，其基本形式如图 3-1-4 所示。由图可见，因果分析图由质量特性(即质量结果，指某个质量问题)、要因(产生质量问题的主要原因)、枝干(指一系列箭线表示不同层次的原因)、主干(指向质量结果的水平箭线)等组成。

在园林工程实践中，任何一种质量问题的产生，往往是由多种原因造成的。这些原因有大有小，把这些原因依照大小次序分别用主干、大枝、中枝和小枝图形表示出来，便可一目了然地系统观察出产生质量问题的原因。

因果分析图的绘制步骤与图中箭头方向恰恰相反，是从“结果”开始将原因逐层分解的，具体步骤如下：

(1)明确质量问题(结果)。作图时首先由左至右画出一条水平主干线，箭头指向一个矩形框，框内注明研究的问题，即结果。

(2)分析确定影响质量特性的大的方面原因(质量特性的大枝)。一般影响质量因素有五大方面，即人、材料、机械、方法、环境，另外还可以按产品的生产过程进行分析。

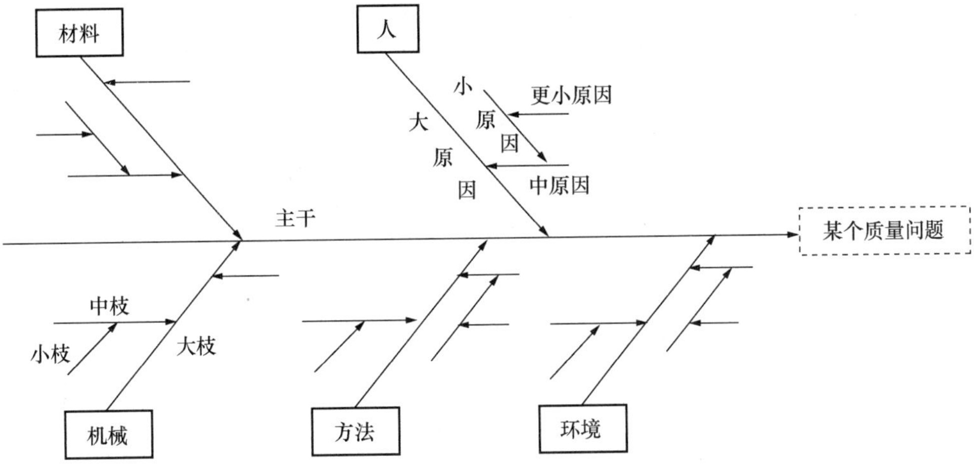

图 3-1-4　因果分析图法

(3)将每种大原因进一步分解为中原因、小原因,直至分解的原因可以采取具体措施加以解决为止。

(4)检查图中所列原因是否齐全,可以对初步分析结果广泛征求意见,并做必要的补充及修改。

(5)从最高层次的原因中选出对结果影响最大的原因,做出标记"△",以便重点采取措施。

5. 直方图法

直方图又称频数分布直方图、质量分布图、矩形图。它是将收集到的质量数据进行分组整理,绘制成频数分布直方图,用以描述质量分布状态的一种分析方法。

6. 控制图法

控制图又称管理图,它是在直角坐标系内画有控制界限,描述生产过程中产品质量波动状态的图形。用途主要有两个:过程分析,即分析生产过程是否稳定;过程控制,即控制生产过程质量状态。

7. 相关图法

相关图又称散布图,就是把两个变量之间的相关关系,用直角坐标系表示出来,借以观察判断两个质量数据之间的关系,通过控制容易测定的因素达到控制不宜测定的因素的目的,以便对产品或工序进行有效的控制。

三、任务实施

1. 任务说明

某工地现浇混凝土构件尺寸质量检查结果是:在全部检查的 8 个项目中不合格点(超偏差限值)有 150 个,为改进并保证质量,应对这些不合格点进行分析,以便找出混凝土构件尺寸质量的薄弱环节。

2. 实践操作

(1)收集混凝土构件尺寸各项目不合格点的数据资料,如表 3-1-12 所示。

表 3-1-12　不合格点统计表

序号	检查项目	不合格点数	序号	检查项目	不合格点数
1	轴线位置	1	5	平面水平度	15
2	垂直度	8	6	表面平整度	75
3	标高	4	7	预埋设施中心位置	1
4	截面尺寸	45	8	预留孔洞中心位置	1

(2)以全部不合格点数为总数,按大小顺序计算各项的频率和累计频率,如表 3-1-13 所示。

表 3-1-13　不合格点项目频数频率统计表

序号	项目	频数	频率/%	累计频率/%
1	表面平整度	75	50.0	50.0
2	截面尺寸	45	30.0	80.0
3	平面水平度	15	10.0	90.0
4	垂直度	8	5.3	95.3
5	标高	4	2.7	98.0
6	其他	3	2.0	100.0
合计		150	100	

(3)绘制排列图,如图 3-1-5 所示。

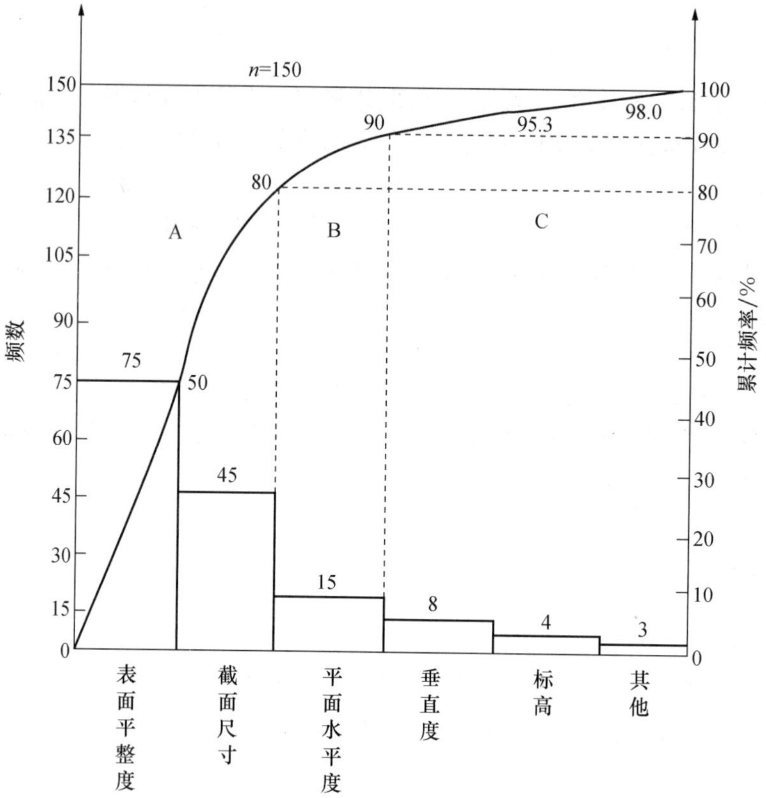

图 3-1-5　混凝土构件尺寸不合格点排列图

a. 画横坐标。将横坐标按项目数等分，并按项目频数由大到小顺序从左至右排列，例中横坐标分为 6 等份。

b. 画纵坐标。左侧的纵坐标表示项目不合格点数即频数，右侧纵坐标表示累计频率。

c. 画频数直方形。以频数为高画出各项目的直方形。

d. 画累计频率曲线。从横坐标左端点开始，依次连接各项目直方形右边线与所对应的累计频率值的交点，所得的曲线即为累计频率曲线。

e. 记录必要的事项。记录标题、收集数据的方法和时间等事项。

(4)利用排列图，确定主次因素。将累计频率曲线按(0～80%)、(80%～90%)、(90%～100%)分为 3 部分，各曲线下面所对应的影响因素分别为 A、B、C 3 类因素。该例中 A 类即主要因素，是表面平整度、截面尺寸；B 类即次要因素，是平面水平度；C 类即一般因素，是垂直度、标高和其他项目。

综上分析结果，下步应重点解决混凝土构件尺寸中表面平整度、截面尺寸不合格等质量问题。

四、学习评价

学习评价标准	分值	教学评价			总评
		小组评价 40%	学生自评 20%	教师评价 40%	
能实施进行影响施工质量因素的控制	20				
会进行工程质量检验评定	20				
能利用排列图法、因果分析图法进行工程质量统计分析	20				
回答教师提问，正确	10				
自学能力	10				
完成任务态度	10				
出勤情况	10				
小计	100				

五、复习思考

1. 影响园林工程施工质量的因素有哪些？

2. 简述园林工程施工质量管理程序。

3. 如何进行园林绿化工程的质量检验评定？

4. 某园林工程项目在施工阶段，监理工程师对承包商在现场制作的水泥预制板进行质量检查，抽查了 500 块，发现其中存在的质量问题如表 3-1-14 所示。

问题：

(1)应选择哪种质量统计分析方法来分析存在的质量问题？

(2)混凝土板的主要质量问题是什么？

表 3-1-14 存在问题及数量

序号	存在问题项目	数量
1	蜂窝麻面	23
2	局部露筋	10
3	强度不足	4
4	横向裂缝	2
5	纵向裂缝	1
合计		40

六、总结

重点:(1)园林工程施工质量的管理流程。

(2)园林工程质量检验评定。

难点:工程质量统计分析方法的应用。

工作任务二　施工进度管理

一、任务描述

任务说明

1. 本任务主要学习园林工程施工进度管理的相关知识，包括基本概念、进度控制的方法和任务、影响进度的因素、实际进度与计划进度的比较方法、进度调整及赶工措施等。

2. 学生分组讨论学习。

任务要求

1. 针对园林工程实际进度检查情况，能利用横道图法、前锋线法进行实际进度与计划进度的比较分析。

2. 通过园林工程实际进度与计划进度比较的方法，能找出施工进度影响因素，确定合理的调整、赶工措施。

二、相关知识

（一）施工进度控制概述

1. 施工进度控制的概念

园林工程施工进度控制与成本控制、质量控制一样，是施工过程中的重点控制之一。它是保证工程按期完成，合理安排资源供应，节约工程成本的重要措施。

园林工程施工进度控制是指在既定的工期内，编制出最优的施工进度计划，在执行该计划的过程中，经常检查施工实际进度情况，并将其与计划进度相比较，若出现偏差，分析产生的原因和对工期的影响程度，找出必要的调整措施，修改原计划，不断地如此循环，直至工程竣工验收。

施工进度控制的总目标是确保园林工程的既定工期目标的实现，或者在保证施工质量和不因此而增加施工实际成本的条件下，适当缩短施工工期。

2. 施工进度控制的方法

施工进度控制的方法主要是规划、控制和协调。

规划是指确定施工总进度控制目标和分进度控制目标，并编制进度计划。控制是指在施工的全过程中，进行实际进度与计划进度的比较，出现偏差及时采取措施调整。协调是指协调与施工进度有关的单位、部门和工作队组之间的进度关系。

3. 施工进度控制的任务

施工进度控制的任务如下。

（1）编制施工总进度计划并控制其执行，按期完成整个施工任务；

（2）编制单位工程施工进度计划并控制其执行，按期完成单位工程的施工任务；

(3)编制分部分项工程施工进度计划并控制其执行，按期完成分部分项工程的施工任务；

(4)编制季度、月(旬)作业计划并控制其执行，按期完成规定的目标。

4. 施工进度控制的内容

施工进度控制可分为施工前进度控制、施工中进度控制和施工后进度控制，在进度控制的不同阶段，控制的内容也不一样。其中施工中进度控制的内容最复杂也最关键。

施工中进度控制的主要内容：

(1)执行施工进度计划　首先应根据园林工程实施性施工组织设计中的施工进度计划，编制月(旬)作业计划和施工任务书。在施工过程中做好记录，为计划实施的检查、分析、调整提供原始资料。

(2)跟踪检查施工进度情况　进度控制人员应深入施工现场，随时了解进度情况。

(3)施工进度情况资料的收集、整理　收集反映进度情况的资料，并加以整理分析，为后续的进度控制工作提供确切、全面的信息。

(4)实际进度与计划进度进行比较分析　经过比较分析，确定实际进度比计划进度是超前了还是落后了，并分析进度超前或落后的原因。

(5)确定是否需要进行进度调整　一般情况下，施工进度超前对进度控制是有利的，不需要调整，但是进度的提前如果对质量、安全有影响，对各种资源供应造成压力，就有必要调整。

对施工进度落后且在允许的机动时间里的非关键工作，后续工作可以不进行进度调整，但是对于进度落后将直接影响工期的关键工作，后续工作必须做出相应的进度调整措施。

(6)制定进度调整措施　对需要进度调整的后续工作，从技术、组织、经济等方面做出相应的调整措施。

(7)执行调整后的施工进度计划　按上述过程不断循环，从而达到对施工工程整体进度的控制。

(二)影响施工进度的因素

由于园林工程的施工特点，尤其是较大和较复杂的工程，工期较长，影响进度因素较多。编制进度计划和执行控制施工进度时必须充分认识和估计这些因素，才能克服其影响，使施工进度尽可能按计划进行。施工管理者应按预定的计划进度定期检查实际进度情况，当出现偏差时，考虑有关影响因素，分析产生的原因。

施工进度出现偏差的主要影响因素有以下几点。

1. 工期及相关计划的失误

计划失误是常见的现象，主要是在编制计划时将施工时间安排得过于紧促，包括：

(1)计划时忘记(遗漏)部分必需的功能或工作。

(2)计划值(例如计划工作量、持续时间)不足，相关的实际工作量增加。

(3)资源或能力不足。如计划时没考虑到资源的限制或缺陷，没有考虑如何完成工作。

(4)出现了计划中未能考虑到的风险或状况，未能使工程实施达到预定的效率。

(5)在现代工程中，上级(业主、投资者、企业主管)常常在一开始就提出很紧迫的工期要求，使承包商或设计人员、供应商的工期太紧。而且许多业主为了缩短工期，常常压缩承包商的做标时间、前期准备时间。

2. 边界条件的变化

(1)工作量的变化。由于设计的修改、设计的失误、业主新的要求等造成工作量的变化从而影响施工进度。

(2)外界(如政府、上级)对工程新的要求或限制、设计标准的提高以致工程资源的缺乏，造成工程无法及时完成。

(3)环境条件的变化。如不利的施工条件，不仅对工程施工过程造成干扰，而且有时不得不调整原来已确定的计划。

(4)发生不可抗力事件。如地震、台风、动乱、战争状态等。

3. 管理过程中的失误

(1)计划部门与实施者之间，总分包商之间，业主与承包商之间缺少沟通。

(2)工程实施者缺少工期意识。例如管理者拖延了图样的供应和批准，任务下达时缺少必要的工期说明和责任落实，拖延了工程活动。

(3)工程参加单位对各个工程活动之间的逻辑关系没有清楚地了解，下达任务时也没有做详细的解释，同时对活动的必要前提条件准备不足，许多工作脱节，资源供应出现问题。

(4)由于其他方面未完成工程计划造成拖延。例如设计单位拖延设计、运输不及时、上级单位拖延批准手续、质量检查拖延、业主不果断处理问题等。

(5)承包商没有集中力量施工，材料供应拖延，资金缺乏，工期控制不紧。

(6)业主没有集中资金的供应，拖欠工程款，或业主的材料、设备供应不及时。

4. 技术失误

施工单位采用技术措施不当，施工中发生技术事故，应用新技术、新材料、新结构缺乏经验，不能保证质量等都会影响施工进度。

5. 其他原因

由于采取其他调整措施造成工期的拖延，如设计变更，质量问题的返工，方案的修改等。

(三)园林工程施工进度计划的检查

园林工程施工进度比较分析与计划调整是施工进度控制的主要环节。其中施工进度比较是调整的基础。

实际进度与计划进度的比较方法有以下几种：

1. 横道图比较法

施工横道图是施工进度计划的表示方式之一。

横道图比较法是指将施工中检查实际进度收集的数据，经整理后直接用横道线平行绘于原计划的横道线处，进行实际进度与计划进度比较的方法。横道图比较法的步骤为：

(1)编制横道图进度计划。

(2)在进度计划上标出检查日期。

(3)将检查实际进度收集到的数据，用粗实线并列标在原计划横道线的下方。

(4)比较分析实际进度与计划进度。

某园林工程项目基础工程的计划进度和截至第9周的实际进度如表3-2-1所示。细实线表示该工程计划进度，粗实线表示实际进度。

表 3-2-1　实际进度与计划进度横道图比较

工作名称	持续时间/周	进度计划/周															
		1	2	3	4	5	6	7	8	9	10	11	12	13	14	15	16
挖土方	6																
做垫层	3																
支模板	4																
绑钢筋	5																
混凝土	4																
回填土	5																

↑检查日期

从表 3-2-1 中实际进度和计划进度的比较可以看出，到第 9 周末进行实际进度检查时，挖土方和做垫层两项工作已经完成；支模板按计划也应该完成，但实际只完成 75%，任务量拖欠 25%；绑钢筋按计划应该完成 60%，而实际只完成 20%，任务量拖欠 40%。

采用横道图比较法，可形象、直观地反映实际进度与计划进度的比较情况，被广泛应用于简单进度监测工作中。但由于它以横道图进度计划为基础，因此带有一定的局限性，如各工作之间的逻辑关系不明显，关键线路和关键工作无法确定，一旦某些工作进度产生偏差，难以预测其对后续工作和整个工期的影响，无法确定调整方法。

2. S 形曲线比较法

S 形曲线比较法与横道图比较法不同，它是以横坐标表示进度时间，纵坐标表示累计完成任务量，绘制出的一条按计划时间、累计完成任务量的 S 形曲线，将施工内容的各检查时间、实际完成的任务量与 S 形曲线进行实际进度与计划进度相比较的一种方法。

在整个施工过程中，一般开始和结束阶段单位时间投入的资源量较少，中间阶段单位时间投入的资源量较多，与其相关，单位时间完成的任务量也呈现出同样的变化规律，如图 3-2-1(a)所示。随着工程的进展，累计完成的任务量曲线则呈 S 形变化，如图 3-2-1(b)所示。

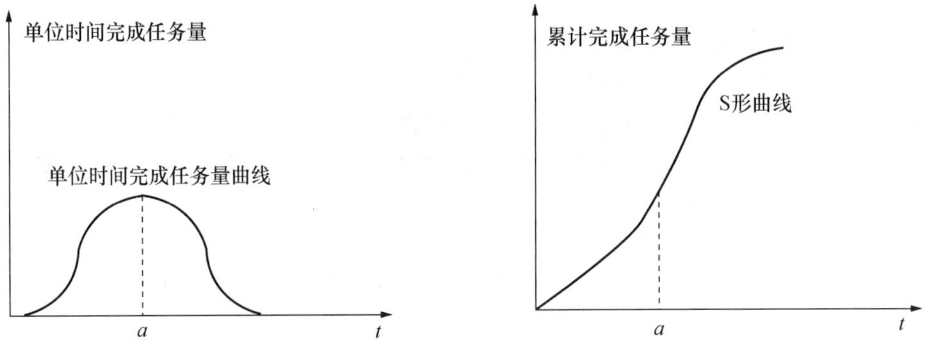

(a)　　(b)

图 3-2-1　时间与完成任务量关系曲线

(1)S形曲线绘制方法

①确定单位时间计划完成任务量。

②计算不同时间累计完成任务量。

③根据累计完成任务量绘制S形曲线。

(2)S形曲线比较　同横道图比较法一样,S形曲线是在图上直观地进行实际进度与计划进度的比较。进度控制人员在工程施工前先绘制出计划进度S形曲线,在施工过程中,将检查实际进度收集的数据,经整理后得出实际进度S形曲线,与计划进度S形曲线绘于同一张图上,如图3-2-2所示。

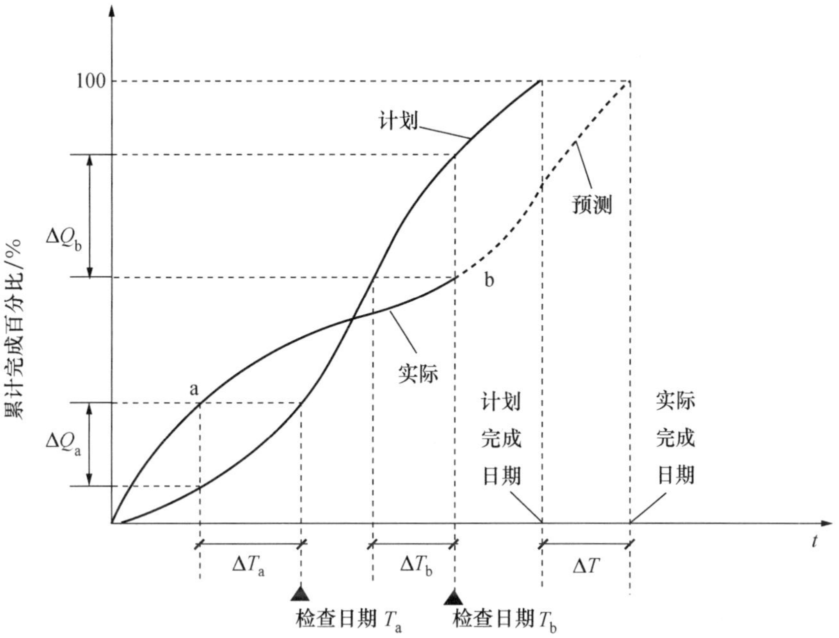

图3-2-2　S形曲线比较法

通过比较两条S形曲线,可以得到如下信息:

①施工实际进度与计划进度比较:当工程实际进展点落在计划进度S形曲线左侧,则表示此时实际进度比计划进度超前;若落在其右侧,则表示落后;若刚好落在其上,则表示二者一致。

②施工实际进度比计划进度超前或落后的时间:ΔT_a 表示 T_a 时刻实际进度超前的时间;ΔT_b 表示 T_b 时刻实际进度落后的时间。

③施工实际进度比计划进度超额或拖欠的任务量:ΔQ_a 表示 T_a 时刻超额完成的任务量;ΔQ_b 表示 T_b 时刻拖欠的任务量。

④预测工程进度:后期工程按原计划速度进行,则后期工程计划S形曲线如图3-2-2中虚线所示,从中可以确定工期拖延预测值为 ΔT。

3. 前锋线比较法

(1)前锋线比较法的概念　前锋线比较法是通过绘制某检查时刻工程实际进度前锋线,进行实际进度与计划进度比较的方法,它主要适用于时标网络计划。前锋线是指在原时标网络计划上,从检查时刻的时标点出发,用点画线依次将各项工作实际进展位置点连接而成的折线。

(2)前锋线比较法的步骤　前锋线比较法就是通过实际进度前锋线与计划进度中各工作箭线交点的位置来判断工作实际进度与计划进度的偏差，进而判定该偏差对后续工作及总工期影响程度的一种方法。

采用前锋线比较法进行实际进度与计划进度的比较，其步骤如下：

①绘制时标网络计划图。工程实际进度前锋线是在时标网络计划图上标示，为清楚起见在图的上方和下方各设一时间坐标。

②绘制实际进度前锋线。从时标网络计划图上方时间坐标的检查日期开始绘制，依次连接相邻工作的实际进展位置点，最后与时标网络计划图下方坐标的检查日期相连接。

工作实际进展位置点的标定方法有以下两种：

a. 按该工作已完成任务量比例进行标定。

假定工程施工过程中各项工作均为匀速进展，根据实际进度检查时刻该工作已完成任务量占其计划完成量的比例，在工作箭线上从左向右按相同的比例标定其实际进展位置点。

b. 按尚需作业时间进行标定。

当某些工作的持续时间难以按实物工程量来计算而只能凭经验估算时，可以先估算出检查时刻到该工作全部完成尚需作业的时间，然后在该工作箭线上从右向左逆向标定其实际进展位置点。

③进行实际进度与计划进度的比较。前锋线可以直观地反映出检查日期有关工作实际进度与计划进度之间的关系。对某项工作来说，其实际进度与计划进度之间的关系可能存在以下三种情况：

a. 工作实际进展位置点落在检查日期的左侧，表明该工作实际进度落后，拖后的时间为二者之差；

b. 工作实际进展位置点与检查日期重合，表明该工作实际进度与计划进度一致；

c. 工作实际进展位置点落在检查日期的右侧，表明该工作实际进度超前，超前的时间为二者之差。

④预测进度偏差对后续工作及总工期的影响。通过实际进度与计划进度的比较确定进度偏差后，可根据工作的自由时差和总时差预测该进度偏差对后续工作及总工期的影响。由此可见，前锋线比较法既适用于工作实际进度与计划进度之间的局部比较，又可用来分析和预测工程整体进度状况。

(四)园林工程施工进度计划的调整

1. 分析进度偏差的影响

通过前述的进度比较方法，当判断出现进度偏差时，应当分析该偏差对后续工作和对总工期的影响。

(1)分析进度偏差的工作是否为关键工作　若出现偏差的工作为关键工作，则无论偏差大小，都对后续工作及总工期产生影响，必须采取相应的调整措施；若出现偏差的工作为非关键工作，需要根据偏差值与总时差和自由时差的大小关系，确定对后续工作和总工期的影响程度。

(2)分析进度偏差是否大于总时差　若工作的进度偏差大于该工作的总时差，说明此偏差必将影响后续工作和总工期，必须采取相应的调整措施；若工作的进度偏差小于或等于该工作的总时差，说明此偏差对总工期无影响，但它对后续工作的影响程度，需要根据比较偏差与自由时差的情况来确定。

(3)分析进度偏差是否大于自由时差　若工作的进度偏差大于该工作的自由时差，说明此偏差对后续工作产生影响，应该如何调整，应根据后续工作允许影响的程度而定；若工作的进度偏差小于或等于该工作的自由时差，则说明此偏差对后续工作无影响，因此，原进度计划可以不做调整。

施工进度偏差的分析判断过程如图 3-2-3 所示。

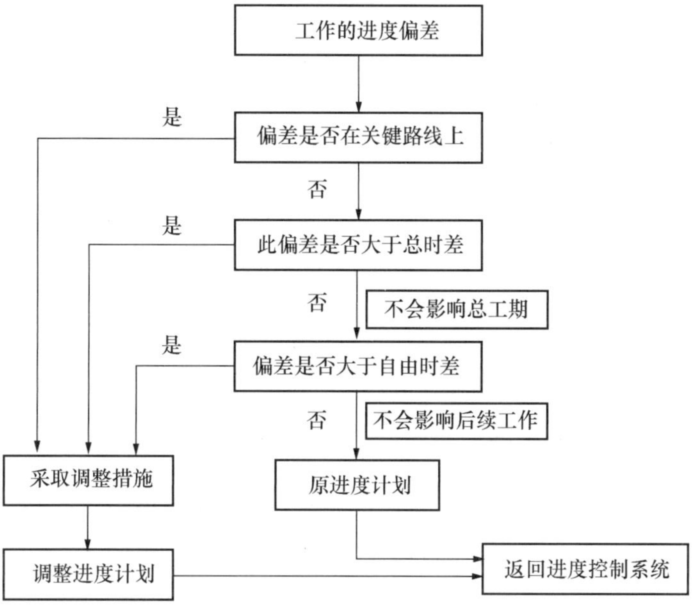

图 3-2-3　施工进度偏差的分析判断过程

2. 施工进度计划的调整方法

在对实施的进度计划分析的基础上，发现工期拖延，应确定调整原计划的方法，一般主要有以下两种：

(1)改变某些工作间的逻辑关系　若检查的实际施工进度产生的偏差影响了总工期，在工作之间的逻辑关系允许改变的条件下，改变关键线路和超过计划工期的非关键线路上的有关工作之间的逻辑关系，达到缩短工期的目的。用这种方法调整的效果是很显著的，例如，可以把依次进行的有关工作改成平行、互相搭接工作，或分成几个施工段进行流水施工等，都可以达到缩短工期的目的。

(2)缩短某些工作的持续时间　这种方法是不改变工作之间的逻辑关系，而是缩短某些工作的持续时间，使施工进度加快，并保证实现计划工期的方法。这些被压缩持续时间的工作是由于实际施工进度的拖延而引起总工期加长的工作。同时，这些工作又是可压缩持续时间的工作。这种方法实际上就是网络计划优化中的工期优化方法和工期与成本优化的方法。

(五)园林工程的赶工措施

园林工程施工进度控制采取的主要措施有经济措施、技术措施、合同措施、组织措施和信息管理措施等。

解决进度拖延有许多措施，但每种措施都有它的适用条件、限制。许多措施常常没有效果，甚至会带来更严重的问题，最典型的是增加成本开支、现场的混乱和质量问题。因此，施工进度控制与在计划阶段压缩工期一样，应该将其作为一个新的计划过程来处理。

1. 经济措施

经济措施是指实现进度计划的资金保证措施。增加资源投入是最常用的办法。如增加劳动力、材料、周转材料和设备的投入量。

2. 技术措施

技术措施主要是采取加快施工进度的技术方法。

(1)改善工、器具以提高劳动效率。

(2)通过辅助措施和合理的工作过程提高劳动生产率。例如：

①加强培训。

②工人技能与工种相协调。

③工作中的激励机制，如奖金、团队协作、个人负责制、明确目标。

④改善工作环境及工程的公用设施。

⑤施工小组时间上和空间上合理的组合和搭接。

⑥避免施工组织中的矛盾，多沟通。

(3)改变网络计划中工程活动的逻辑关系，如将依次施工改为平行施工，或采用流水施工的方法。

(4)将一些工作合并(图 3-2-4)，特别是将关键线路上先后顺序实施的工作合并，通过局部调整实施过程和人力、物力的分配，达到缩短工期的目的。

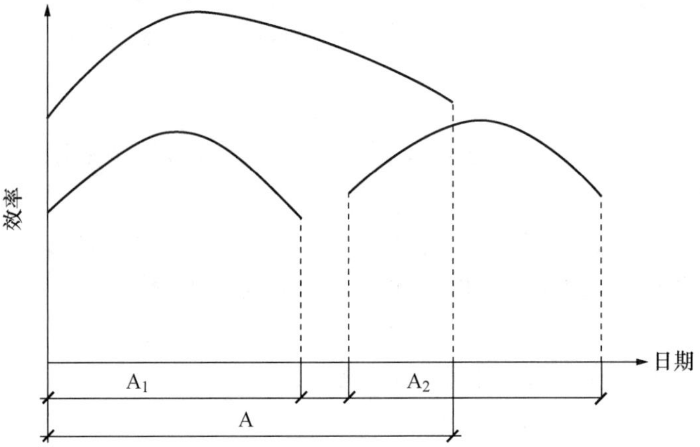

图 3-2-4　工作合并示意图

(5)修改实施方案，例如将现浇混凝土改为场外预制，现场安装，这样可以提高施工速度。

3. 合同措施

合同措施是指与分包单位签订施工合同的合同工期应与有关进度计划目标相协调。

4. 组织措施

组织措施主要是指落实各层次的进度控制人员的具体任务和工作责任;建立进度控制的组织系统;按照施工工程的结构、进展的阶段或合同结构等进行工程分解,确定其进度目标,建立目标控制体系;确定进度控制工作制度,如检查时间、方法、协调会议时间、参加人等;对影响进度的因素进行分析和预测。

(1)重新分配资源,例如:将服务部门的人员投入到生产中去;投入风险准备资源;采用加班或多班制工作;改变供应商,将原计划由自己生产的结构件改为外购。

(2)减少工作范围,包括减少工作量或删去一些分项工程。

5. 信息管理措施

信息管理措施是指施工企业不断收集施工实际进度的有关资料进行整理统计与计划进度比较,定期向建设单位提供比较报告。

施工进度控制采取上述措施时应注意以下问题:

(1)在选择措施时,要考虑以下几点:

①赶工应符合工程的总目标与总战略。

②措施应是有效的、可以实现的。

③花费比较少。

④对工程的实施、承包商及供应商的影响面较小。

(2)在制订后续工作计划时,这些措施应与工程的其他过程相协调。

(3)在实际工作中,人们常采用许多事先认为有效的措施,但实际效力却很小,常达不到预期的缩短工期的效果。原因是:

①这些计划是无正常计划期状态下的计划,是不周全的。

②缺少协调,没有将加速的要求、措施、新的计划、可能引起的问题通知相关各方,如其他分包商、供应商、运输单位、设计单位。

③对以前造成拖延的因素认识不清。例如由于外界干扰,到目前为止已造成两周的拖延,实质上,这些影响是有惯性的,还会继续扩大。所以即使现在采取措施,在一段时间内其效果也不明显,拖延仍会持续扩大。

三、任务实施

某园林工程时标网络计划如图 3-2-5 所示。该计划执行到第 6 周末检查实际进度时,发现工作 A 和 B 已经全部完成,工作 D、E 分别完成计划任务量的 20%和 50%,工作 C 尚需 3 周完成,试用前锋线法进行实际进度和计划进度的比较分析。

实践操作:

(1)根据第 6 周末实际进度的检查结果绘制前锋线,如图 3-2-5 中虚线所示。

(2)比较结果分析:

①工作 D 比计划进度拖后 2 周,将使其后续工作 F 的最早开始时间推迟 2 周,并使总工期延长 1 周;

②工作 E 比计划进度拖后 1 周,既不影响总工期,也不影响其后续工作的正常运行;

③工作 C 比计划进度拖后 2 周,将使其后续工作 G、H、J 的最早开始时间推迟 2 周,由于工作 G、J 开始时间的推迟,从而使总工期延长 2 周。

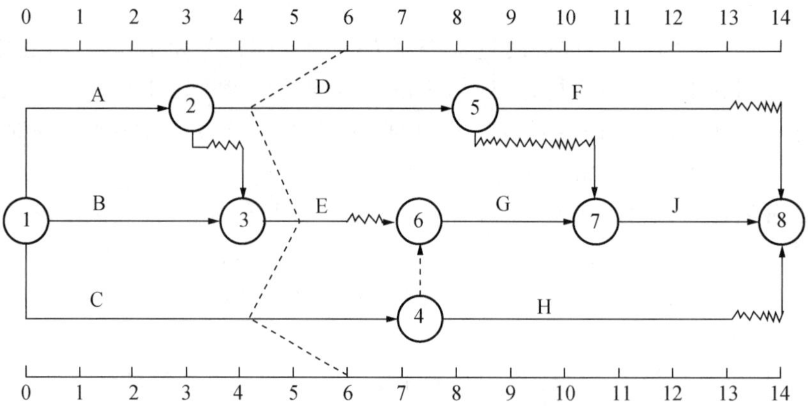

图 3-2-5　某园林工程时标网络计划

综上所述，如果不采取措施加快进度，该园林工程的总工期将延长 2 周。

四、学习评价

学习评价标准	分值	教学评价			总评
		小组评价 40%	学生自评 20%	教师评价 40%	
能利用横道图法、前锋线法进行实际进度与计划进度的比较分析	20				
会通过实际进度与计划进度比较的方法查找出影响因素，确定合理的调整、赶工措施	30				
回答教师提问	10				
自学能力	10				
完成任务态度	10				
出勤情况	10				
小计	100				

五、复习思考

1. 影响园林工程施工质量的因素有哪些？
2. 简述园林工程施工质量管理程序。
3. 如何进行园林绿化工程的质量检验评定？

六、总结

重点：(1)实际进度与计划进度的比较方法。

(2)施工进度计划的调整及常用的赶工措施。

难点：会通过实际进度与计划进度比较的方法查找出影响工程进度的因素，确定合理的调整、赶工措施。

工作任务三　施工成本管理

一、任务描述

任务说明

1. 会制订施工成本计划；

2. 能够参与完成园林工程成本控制工作。

任务要求

1. 掌握施工成本控制的依据；

2. 掌握施工成本控制步骤及方法。

二、相关知识

(一)施工成本的概念及构成

施工成本，是指在建设工程项目的施工过程中所发生的全部生产费用的总和，建设工程项目施工成本组成包括直接成本和间接成本。

直接成本，是指施工过程中耗费的构成工程实体或有助于工程实体形成的各项费用支出，是可以直接计入工程对象的费用。包括人工费、材料费、机械使用费和施工措施费。

间接成本，是指为施工准备、组织和管理施工生产的全部费用的支出，是非直接用于也无法直接计入工程对象，但为进行工程施工所必需发生的费用。包括管理人员工资、办公费、差旅交通费等。

(二)施工成本管理的任务

施工成本管理的任务，主要包括以下几个方面：

1. 施工成本预测

施工前对成本进行估算，是施工项目成本决策与计划的依据。

分析影响成本变化的各个因素，比照已完成或将完成施工项目的成本，预测这些因素对项目的影响，预测出工程的单位成本或总成本。通过成本预测，在满足业主和本企业要求的前提下，选择成本低，效益好的最佳方案，加强成本控制，克服盲目性，提高预见性。

2. 施工成本计划

施工成本计划是以货币形式编制施工项目的计划期内的生产费用、成本水平、成本降低率以及为降低成本所采取的主要措施和规划的书面方案，它是建立施工项目成本管理责任制，开展成本控制和核算的基础，是该项目降低成本的指导性文件，是设立目标成本的依据。

施工成本计划具体内容如下：

(1)编制说明。指对工程的范围，投标竞争过程及合同文件，承包人对项目经理提出的责任成本目标，施工成本计划编制的指导思想和依据等的具体说明。

(2)施工成本计划的指标。

①成本计划的数量指标

②成本计划的质量指标

③成本计划的效益指标

(3)按工程量清单列出的单位工程计划成本汇总表。

(4)按成本性质划分的单位工程成本汇总表。

根据工程清单项目的造价分析，分别对人工费、材料费、机械费、措施费、企业管理费和税费进行汇总，形成单位工程成本计划表。

3. 施工成本控制

施工成本控制，从工程投标报价开始，直至项目竣工结算完成为止，贯穿于项目实施的全过程。在施工中通过对人工费、材料费和施工机械使用费，及工程分包费用进行控制。施工成本控制就是要在保证工期和质量满足要求的前提下，采取相应管理措施，包括组织措施、经济措施、技术措施、合同措施把成本控制在计划范围内，并进一步寻求最大限度地成本节约。

施工阶段是控制建设工程项目成本发生的主要阶段，它通过确定成本目标并按计划成本进行施工资源配置，对施工现场发生的各种成本费用进行有效控制，具体内容及方法如下：

(1)人工费的控制　人工费的控制实行"量价分离"的方法。

(2)材料费的控制

①材料用量的控制。在保证符合设计要求和质量标准的前提下，合理使用材料，通过定额管理、计量管理等手段有效控制材料物资的消耗，具体有以下几项：

a. 定额控制

b. 指标控制

c. 计量控制

d. 包干控制

②材料价格的控制。材料价格主要由材料采购部门控制。材料价格由买价、运杂费、运输中的合理损耗等所组成，因此控制材料价格，主要是通过掌握市场信息，应用招标和询价等方式控制材料、设备的采购价格。

(3)施工机械费的控制　施工机械使用费主要由台班数量和台班单价两方面决定，为有效控制施工机械使用费支出，主要从以下几个方面进行控制：

①合理安排施工生产，加强设备租赁计划管理，减少因安排不当引起的设备闲置；

②加强机械设备的调度工作，尽量避免窝工，提高现场设备利用率；

③加强现场设备的维修保养，避免因不正当使用造成机械设备的停置；

④做好机上人员与辅助生产人员的协调与配合，提高施工机械台班产量。

(4)施工分包费的控制　对分包费用的控制，主要是要做好分包工程的询价、订立平等互利的分包合同、建立稳定的分包关系网络、加强施工验收和分包结算等工作。

(三)施工成本分析

施工成本分析是在成本形成过程中，对施工项目成本进行的对比评价和总结工作。施工成本分析贯穿于施工成本管理的全过程，其特点是在成本的形成过程中，主要利用施工项目的成本核算资料，与目标成本、预算成本以及类似的施工项目的实际成本等进行比较，了解成本的变动情况，同时也要分析主要技术经济指标对成本的影响。

常用的施工成本分析方法如下：

1. 比较法

比较法，又称“指标对比分析法”，就是通过技术经济指标的对比，检查目标的完成情况，分析产生差异的原因，进而挖掘内部潜力的方法。这种方法，具有通俗易懂、简单易行、便于掌握的特点，因而得到了广泛的应用，但在应用时必须注意各技术经济指标的可比性。比较法的应用，通常有下列形式：

(1)将实际指标与目标指标对比　以此检查目标完成情况，分析影响目标完成的积极因素和消极因素，以便及时采取措施，保证成本目标的实现。在进行实际指标与目标指标对比时，还应注意目标本身有无问题。如果目标本身出现问题，则应调整目标，重新正确评价实际工作的成绩。

(2)本期实际指标与上期实际指标对比　通过这种对比，可以看出各项技术经济指标的变动情况，反映施工管理水平的提高程度。

(3)与本行业平均水平、先进水平对比　通过这种对比，可以反映本项目的技术管理和经济管理与行业的平均水平和先进水平的差距，进而采取措施赶超先进水平。

2. 因素分析法

因素分析法又称连环置换法。这种方法可用来分析各种因素对成本的影响程度。在进行分析时，首先要假定众多因素中的一个因素发生了变化，而其他因素则不变，然后逐个替换，分别比较其计算结果，以确定各个因素的变化对成本的影响程度。因素分析法的计算步骤如下：

(1)确定分析对象，并计算出实际数与目标数的差异；

(2)确定该指标是由哪几个因素组成的，并按其相互关系进行排序；

(3)以目标数为基础，将各因素的目标数相乘，作为分析替代的基数；

(4)将各个因素的实际数按照上面的排列顺序进行替换计算，并将替换后的实际数保留下来；

(5)将每次替换计算所得的结果，与前一次的计算结果相比较，两者的差异即为该因素对成本的影响程度；

(6)各个因素的影响程度之和，应与分析对象的总差异相等。

3. 差额计算法

差额计算法是因素分析法的一种简化形式，它利用各个因素的目标值与实际值的差额来计算其对成本的影响程度。

4. 比率法

比率法是指用两个以上的指标的比例进行分析的方法。它的基本特点是：先把对比分析的数值变成相对数，再观察其相互之间的关系。常用的比率法有以下几种：

(1)相关比率法　由于项目经济活动的各个方面是相互联系，相互依存，又相互影响的，因而可以将两个性质不同而又相关的指标加以对比，求出比率，并以此来考察经营成果的好坏。例如：产值和工资是两个不同的概念，但它们的关系又是投入与产出的关系。在一般情况下，施工单位都希望以最少的工资支出完成最大的产值。因此，用产值工资率指标来考核人工费的支出水平，就很能说明问题。

（2）构成比率法　又称比重分析法或结构对比分析法。通过构成比率，可以考察成本总量的构成情况及各成本项目占成本总量的比重，同时也可看出量、本、利的比例关系（即预算成本、实际成本和降低成本的比例关系），从而为寻求降低成本的途径指明方向。

（3）动态比率法　动态比率法，就是将同类指标不同时期的数值进行对比，求出比率，以分析该项指标的发展方向和发展速度。动态比率的计算，通常采用基期指数和环比指数两种方法。

三、任务实施

（1）结合工程实际案例，教师和学生共同制定成本控制措施。

（2）学生根据工程量清单计价表，填写成本分析表，制定施工成本控制的具体措施。

四、学习评价

学习评价标准	分值	教学评价			总评
		小组评价 40%	学生自评 20%	教师评价 40%	
制定成本计划	20				
施工成本分析	20				
施工成本控制	20				
完成任务态度	20				
出勤情况	20				
小计	100				

五、复习思考

1. 施工成本管理的任务主要包括哪几方面？
2. 施工成本分析的具体方法有哪些？
3. 施工成本控制的具体内容是什么？

六、总结

重点：（1）编制施工成本计划。

（2）进行施工成本分析。

难点：施工成本控制。

工作任务四 施工现场管理

一、任务描述

任务说明

1. 教师提供园林工程实例，分析施工现场管理工作的内容。

2. 学习施工现场管理各项工作的具体内容。

任务要求

根据园林工程总平面图和招投标文件，学会编制施工现场管理方案。

二、相关知识

施工现场管理是指对施工现场内各作业的协调、临时设施的维修、施工现场与第三者的协调及现场内存材料的清理整顿等所进行的管理工作。

(一)施工现场管理的内容

1. 平面布置与管理

现场平面管理的常规性工作主要包括：根据不同时间和不同需要，结合实际情况，合理调整场地；做好土石方的平衡工作，规定各单位取弃土石方的地点、数量和运输路线；审批各单位在规定期限内，对清除障碍物，挖掘道路，断绝交通，断绝水电动力线路等的申请报告；对运输大宗材料的车辆，做出妥善安排，避免拥挤堵塞交通；做好工地的测量工作，包括测定水平位置、高程和坡度，测量已完工程量等。

2. 材料的计划安排、变更和储存管理

主要内容包括：确定供料和用料目标；确定供料、用料方式及措施；组织材料及制品的采购、加工和储备，做好施工现场的进料安排；组织材料进场、保管及合理使用；完工后及时退料及办理结算等。

3. 合同管理工作

承包商与业主之间的合同管理工作的主要内容包括：合同分析；合同实施保证体系的建立；合同控制；施工索赔等。现场合同管理人员应及时填写并保存有关方面签证的文件。包括：业主负责供应的设备、材料进场时间及材料规格、数量和质量情况的备忘录；材料代用议定书；材料及混凝土试块试验单；完成工程记录和合同议事记录；经业主和设计单位签证的设计变更通知单；隐蔽工程检查验收记录；质量事故鉴定书及其采取的处理措施；合理化建议及节约分成协议书；中间交工工程验收文件；合同外工程及费用记录；与业主的来往信件、工程照片、各种进度报告；监理工程师签署的各种文件等。

承包商与分包商之间的合同管理工作主要是监督和协调现场分包商的施工活动，处理分包合同执行过程中所出现的问题。

4. 质量检查和管理

质量检查和管理包括两个方面工作:第一,按照工程设计要求和国家有关技术规定,如施工及验收规范、技术操作规程等,对整个施工过程的各个工序环节进行有组织的工程质量检验工作,不合格的建筑材料不能进入施工现场,不合格的分部分项工程不能转入下道工序施工。第二,采用全面质量管理的方法,进行施工质量分析,找出产生各种施工质量缺陷的原因,随时采取预防措施,减少或尽量避免工程质量事故的发生,把质量管理工作贯穿到工程施工全过程,形成一个完整的质量保证体系。

5. 安全管理与文明施工

安全生产是现场施工的重要控制目标之一,也是衡量施工现场管理水平的重要标志。主要内容包括:安全教育;建立安全管理制度;安全技术管理;安全检查与安全分析等。

文明施工是指在施工现场管理中,按照现代化施工的客观要求,使施工现场保持良好的施工环境和施工秩序。

6. 施工过程中的业务分析

为了达到对施工全过程控制,必须进行许多业务分析,如:施工质量情况分析;材料消耗情况分析;机械使用情况分析;成本费用情况分析;施工进度情况分析;安全施工情况分析等。

(二)现场组织管理

1. 组织的概念

现场组织是指为了最优化实现施工目标,对所需一切资源进行合理配置而建立的一次性临时组织机构。

2. 组织机构的设置原则

(1)目的性原则　因目标而设事,因事而设人、设机构、分层次,因事而定岗定责,因责而授权。

(2)管理幅度与层次的原则　考虑到项目上层和下层管理性质的不同,上层管理者管辖的人数以 3～6 人为宜,下层管理者的管辖人数可增至 7～11 人。

管理层次和管理幅度具有相互制约的关系。在组织人数不变的情况下,跨度大,层次就可以减少;跨度小,层次就要增加。层次多,上下信息传递就慢,指令常常走样,而且增加协调上的困难。因此,层次越少越好。

(3)系统化管理原则　施工项目是一个开放的系统,由众多子系统组成一个大系统,各子系统之间,子系统内部各单位工程之间,不同组织、工种、工序之间,存在着大量结合部,这就要求现场组织也必须是一个完整的组织结构系统,恰当分层和设置部门,以便在结合部上能形成一个相互制约、相互联系的有机整体,防止产生职能分工、权限划分和信息沟通上相互矛盾或重叠。

(4)统一指挥原则　这一原则要求,任何下级只能有一个上级领导,受一个上级领导的直接指挥。

(5)精干高效原则　人员配置要从严控制二三线人员,力求一专多能,一人多职。

(6)责权对等原则　职责是指职位的责任。职位是组织体中的位置,职位的工作内容就是职务。职权是指在一定的职位上,在其职务范围内,为完成其责任所应具有的权力。

3. 项目经理的职责

施工企业项目经理(简称项目经理),是指受企业法定代表人委托对工程项目施工过程全面负责的项目管理者,是建筑施工企业法定代表人在工程项目上的代表。

项目经理应具备如下职责:

(1)确定项目的总目标和阶段性目标并制定项目总体控制计划　要根据业主、上级企业的要求和项目的具体情况确定项目管理总目标和阶段性目标,并进行目标分解,确定总体控制计划和组织编制子项目实施进度计划、协调程序等文件。项目的总目标、阶段性目标和总体控制计划应提请公司及业主认可。

(2)建立精干的项目经理部　应抓好组织设计、人员选配、制定各种规章制度、明确有关人员职责并授权、建立利益机制和项目内外部的沟通渠道等。

(3)与业主保持密切联系,弄清其要求和愿望　确保项目目标实现和保证达到业主满意是检查和衡量项目经理管理成败、水平高低的基本标志。业主在主要目标要求上是个动态过程,项目经理应与其保持密切联系,随时弄清其要求和愿望,并把满足业主的要求作为最高评价标准。当然,这并不是业主提出什么要求都要给予满足,对于根本违背合同条款和不可能实现的业主要求,项目经理也应据理说明利害,妥善协商或婉言拒绝。

(4)履行合同义务,监督合同执行,处理合同变更　项目经理在履行合同中的最高准则是信守合同。对合同的变更、合同条款的修正都有监督和处理的权利和责任。

(5)协调项目组织内外的各种关系　在项目实施阶段,项目经理日常的职责就是协调本项目组织机构与各协作单位之间的协作配合及经济、技术关系,与有关的职能部门负责人联系,确定工作中相互配合的问题以及有关职能部门需要提供的资料。

(6)项目经理具体的内部职责

①向有关人员解释和说明项目重要文件,包括项目合同、项目设计文件、项目进度计划及配套计划、协调程序等,使项目班子对项目目标、约束条件、实施方案、进度要求、权利与义务等有明确认识,以保证项目组织内部步调统一,并以此作为今后检查、控制的依据。

②审查批准与工程有关的采购活动。

③组织编制工程费用估算,提请公司及业主认可。

④组织编制详细的工程进度计划,提请业主认可。

⑤通过不断监测工程费用实际支出的情况并和预算相比较的方法,控制工程费用。

⑥应用不断监测和关键线路法,控制工程进度。

⑦组织编制工作程序,并监督组织成员遵守公司的政策和工作程序。

⑧检查项目建设条件、施工准备的落实情况,并组织好开工前情况介绍会等关键性会议。

⑨建立高效的通信指挥系统。

⑩向业主提出完工通知,取得业主对工程的正式接受文件。

⑪对工程不再需要的人员进行遣散。

4. 现场业务关系

(1)现场组织与公司的业务关系　在合同关系上,根据公司经理和项目经理签订的承包合同,公司与现场组织是平等的甲乙双方合同关系,但是在业务管理上,现场组织作为公司内部的一个管理层次,接受公司职能部门的业务指导。

(2)现场组织与业主的业务关系

①施工准备阶段。项目经理作为公司在项目上的法定代表人应参与工程承包合同的洽谈和签订，熟悉各种洽谈记录和签订过程。在承包合同中应明确相互的权、责、利，业主要保证落实资金、材料、设计、建设场地和外部水、电、路，而项目经理部负责落实施工必需的劳动力、材料、机械、技术及场地准备等，项目经理部负责编制施工组织设计，并参加业主的施工组织设计审核会。开工条件落实后应及时提出开工报告。

②施工阶段。材料、设备的交验，现场管理组织负责提出应由业主供应的材料、设备的供应计划，并根据有关规定对业主供应的材料、设备进行交接验收。供应到现场的各类物资必须在项目经理部调配下统一设库、统一保管、统一发料、统一加工、按规定结算。进度控制，项目经理部应及时向业主提出施工进度计划表、月份施工作业计划、月份施工统计报表等，并接受业主的检查、监督。质量控制，项目组织应对质量提出严格要求，注意尊重业主的监督，对重要的隐蔽工程，如地槽及基础的质量检查，应请业主代表参加认证签字，认定合格后方可进入下道工序。对暖、卫、电及设备安装等专业工程项目的质量验收，也应请业主代表参加。项目组织应及时向业主或业主代表提交材料报检单、进场设备报验单、施工放样报验单、隐蔽工程验收通知、工程质量事故报告等材料，以便业主代表对工程质量进行分析、监督和控制。合同关系，甲乙双方是平等的合同关系，双方都应真心诚意共同履约，一旦发生合同问题，应分别情况按有关规定处理。施工期间，一般合同问题切忌诉讼，遇到非常棘手的合同问题，不妨暂时回避，等待时机，另谋良策。只有当对方严重违约而使自己的利益受到重大损失时才采用诉讼手段。签证问题，对较大的设计变更和材料代用，应经原设计部门签证，甲乙双方再根据签证文件办理工程增减，调整施工图预算。对于不可抗拒的灾害，国家规定的材料、设备价格的调整等，可商请业主代表签证、据以结算工程款。收付进度款，项目经理部应根据已完工程量及收费标准，计算已完工程价值，编制“工程价款结算单”和“已完工程月报表”，送交业主代表办理签证结算。业主应在合同规定的期限内办理完签证和支付手续。

③交工验收阶段。项目组织应按交工资料清单整理有关交工资料，验收后交业主保管。验收中项目组织应依据技术文件、承包合同、中间验收签证及验收规范，对业主提出的问题做出详细解释。对存在的问题，应采取补救措施，尽快达到设计、合同、规范要求。

(3)现场组织与建设监理的业务关系　监理单位与承包商都属于企业的性质，都是属于平等的主体。在工程项目建设上，他们之间没有合同。监理单位之所以对工程项目建设中的行为具有监理的身份，一是因为业主的授权，二是因为承包商在承包合同中也事先予以承认。项目经理部必须接受监理单位的监理，并为其开展工作提供方便，按照要求提供完整的原始记录、检测记录、技术及经济资料。

(三)施工现场技术管理

1. 施工方案的确定

(1)熟悉图纸、确定施工程序；

(2)确定施工顺序；

(3)施工方法的选择。

选择施工方法应以施工主导过程为重点，从工程施工全局出发，对影响整个工程施工的主导工序的施工方法详细拟订，而对与全局施工和工期影响不大的施工过程，则只要提出应注意的事项和要求就可以了。选择施工方法还应符合施工组织总设计的要求；满足施工技术的要求；符合提高工厂化、机械化程度的要求；符合先进、合理、可行、经济的要求；满足工期、成本和安全的要求等。

2. 施工方案的技术经济分析

(1)技术措施　需要表明的平面、剖面示意图以及工程量一览表；施工方法的特殊要求和工艺流程；冬雨期施工措施；技术要求和质量安全注意事项；材料、构件和机具的特点、使用方法及需用量。

(2)质量措施　确保定位放线、标高测量等准确无误的措施；确保地基基础特别是特殊复杂的基础，地下结构施工的质量措施；保证关键部位质量的措施及复杂特殊工程的施工技术措施；确保新型装饰材料及工艺的施工质量措施；保证质量的组织措施(如人员培训、编制工艺卡及质量检查验收制度等)。

(3)安全措施　保证土石边坡稳定，对基坑支护体系进行监测，做好防坠落、防坍塌的施工措施；脚手架、吊篮、安全网、挡板的设置及各类洞口防止人、物坠落的措施；夜间施工应保证现场照明，坑、洞口边缘应设置警示灯的措施；垂直运输机具的拉结要求和防倒塌措施；安全用电和机电设备防短路、防触电的措施；易燃易爆有毒作业场所的防火、防爆、防毒措施；现场周围通行道路、沿街及居民保护隔离措施；预防自然灾害(防台风、防雷击、防洪水、防地震、防暑降温、防寒、防冻、防滑等)措施；对于采用的新工艺、新材料、新技术和新结构，制定有针对性的专门安全措施；保证安全施工的组织措施，如安全宣传教育及检查制度等。

(4)降低成本措施　合理进行施工组织以减少资源(人力、材料、机械)的消耗，以降低费用、缩短工期；合理进行土石方平衡调配，以节约土方运输及人工费；综合利用机械，以节约台班费；构件及半成品采用预制拼装、整体安装的方法，以节约人工费、机械费；利用原有房屋及已完工的建筑，减少临时设施费。

(5)季节性施工措施　雨期施工措施要根据工程地点的雨量、雨期及施工工程的特点进行制定。要在防淋、防潮、防泡、防淹、防拖延工期等方面，分别采用疏导、堵挡、遮盖、排水、防雷、合理储存、改变施工顺序、避雨施工、加固防陷等措施。

冬期施工因为气温、降雪量不同，工程部位及施工内容不同，施工单位的条件不同，则应采取不同的冬期施工措施。以达到保温、防冻、改善操作环境、保证质量、控制工期、安全施工、减少浪费的目的。

(6)现场文明施工措施　现场的围栏及标牌设置，出入口交通安全，道路畅通，场地平整，安全与消防设施齐全；临时设施的规划与搭设，办公室、更衣室、食堂、厕所的安排与环境卫生；各种材料、半成品、构件分类堆放整齐无混料，现场保管妥善；散碎材料、施工垃圾的堆放与清理及时，做好各种环境污染的防范；成品保护及施工机械保养。

三、任务实施

(1)师生共同分析施工现场管理的内容。

(2)根据园林工程总平面图和招投标文件，学生分组讨论如何编制施工现场管理方案。

四、学习评价

学习评价标准	分值	教学评价			总评
		小组评价 40%	学生自评 20%	教师评价 40%	
施工现场管理具体内容的确定	20				
能正确编制施工现场管理方案	20				
自学能力	20				
完成任务态度	20				
出勤情况	20				
小计	100				

五、复习思考

1. 施工现场管理的内容有哪些？
2. 施工现场组织机构的设置原则是什么？
3. 施工现场施工措施包括哪几大方面？

六、总结

重点：(1)施工现场管理的主要内容。
(2)对施工现场管理的理解与应用。
难点：根据园林工程实例编制施工现场管理方案。

工作任务五　施工安全管理

一、任务描述

任务说明

1. 教师提供园林工程实例，分析施工安全管理工作的内容。

2. 学习施工安全管理各项工作的具体内容。

任务要求

根据园林工程总平面图和招投标文件，学会编制施工安全管理的相关文件。

二、相关知识

(一)施工安全管理

1. 施工安全的概念

所谓施工安全就是指在施工过程中，在实现工程质量、成本、工期等目标的同时，保证从事施工生产的各类人员的生命安全，不造成人身伤亡和财产损失事故。

2. 施工安全事故产生的原因及类型

(1)施工安全事故产生的原因

①人的行为方面。a. 施工人员身体条件的客观原因：精神不振、思想负担重、情绪不稳定、身体过度疲劳、有缺陷（如在听觉、视觉、感觉方面）或疾病。b. 施工人员主观方面的原因：存在着个人的抱怨、抵抗情绪，安全意识淡薄，有吸烟、喝酒、打架等的行为，不能自觉地使用安全防护用品。c. 施工人员缺乏教育的原因：在施工用电、用火、器具使用和机械操作等方面的行为不当；在不同的工种如钢筋工、架子工、混凝土工操作不熟练或不规范时所产生的安全事故。d. 施工方案或施工组织方面存在不合理的因素：现场施工人数过多、工作面过于拥挤，吊车使用时缺乏统一指挥。

②现场机械、设备和材料等方面。现场施工的机械、设备处于不安全的状态，是指施工机械、设备在停放、移动、安装、检修和固定等过程中的不规范操作状态。

现场使用的各种材料的保管、堆放和使用方法不当，是材料处于不安全状态的重要原因。具体地说，如易燃品、易爆品、易腐蚀品等材料的保管制度是否完善、使用方法是否正确、构件堆放是否稳定等等问题，都应该引起有关人员足够的重视。

③现场施工条件方面。现场施工的管理和组织条件，如交叉作业时作业面是否相互影响、脚手架和安全网的牢固性和稳定性、夜间施工时的照明亮度、道路是否畅通、视线有无阻挡以及安全防护措施是否可靠等问题。

④现场自然条件及布置。现场工程地质条件，如在桩基施工、基坑维护、施工防水、基础开挖等方案确定时的安全防护问题，都与工程地质条件有关。

地区气候条件，如暴风雨、严寒、酷暑等异常气候降临，都会使正常的现场施工条件发生突然的改变，使工人行为的准确性降低。

⑤社会条件及其他方面。由于有关建设管理部门审批制度不严、规则或设计方案上有缺陷、施工验收规范的不全、或对临时设施和机械设备的报验管理失误等；或因新材料、新技术、新设备的控制方法不健全；或因地方治安情况不好、环境保护差等所引起的安全事故。

(2)施工中常见的安全事故类型

①随着工程项目进入不同的施工阶段，常见的安全事故类型不同。

②由于采用不同的施工方法(方案)，常见的安全事故类型不同。

③对于不同的工种，常见的安全事故类型不同。

④不同的施工现场活动，常见的安全事故类型不同。

3. 施工安全管理的特点

(1)施工安全管理的目标性；

(2)施工安全管理的责任性；

(3)施工安全管理的全过程性；

(4)施工安全管理的专业性；

(5)施工安全管理的现场性；

(6)施工安全管理的系统性。

4. 施工安全管理的内容

(1)人的行为方面

①加强施工人员的安全思想教育，增加安全意识。

②加强施工人员的安全行为教育，增强自我行为的控制能力。

③加强施工人员的安全知识教育，消除安全隐患。

④加强施工人员的技术教育，提高施工现场的安全防护力度。

(2)现场机械、设备和材料等方面　制定使用机械设备和材料管理人员的技术要求，现场管理机械、设备和材料的具体措施。

(3)现场施工条件方面

①技术条件方面。重点考虑实施施工技术方案时的安全性和安全防护方案设计的合理性、经济性和可靠性。

②场地条件方面。重点考虑施工现场平面布置情况对现场安全性的影响。

③生活设施方面。重点考虑现场施工人员居住、办公条件的安全性。

④安全防护方面。主要是指施工人员现场施工时的工作面上的防护设施的安全性。

⑤地质及气象条件方面。在考虑具体的施工工地时，要重视地质和气象条件所带来不安全因素。

(4)社会条件等其他方面　主要指社会环境所引起的不安全因素，如社会治安条件不好、城市施工安全法规以及建筑行业的管理法规不健全等所带来的安全管理问题。

5. 施工安全管理措施

(1)建立施工安全管理组织保证体系　由建设方、施工方和监理方共同组成一套施工安全管理的领导班子，明确建设方、施工方和工程监理方职责，从项目施工组织上保证安全工作的顺利实施。

(2)建立施工安全生产保证体系　一是以合同、施工计划以及各种常规阶段或重点阶段的安全检查为主线的安全生产保证体系；二是建立以建设方、项目经理、监理工程师、安全员、技术员和工人为主线的人的行为约束体系。

(3)建立施工安全生产责任制　建立以项目经理为中心的安全生产责任制。

(4)安全生产监督检查职责　建立一系列施工安全检查制度，利用重点检查和阶段检查相结合的方法，控制现场施工安全，防患于未然。

检查内容要严格执行国家、行业、地方现行规范、标准、规程、规定的检查项目，并且不同检查要突出不同重点。

总公司每季度进行一次安全生产文明施工综合检查。

公司每月进行一次由公司领导、各职能处室、项目经理、生产副经理、安全员组织的全面安全生产检查，并记录归档。

项目经理部会同项目监理部每月两次对施工现场安全生产状况进行联合检查，对各项达标内容进行评价。对发现的问题在打分表中应有记录，并履行整改复查手续。

施工队负责人要组织相关人员进行“自检”“互检”及“交接检”工作，发现生产中存在的安全问题必须及时解决，消除隐患。

安全员要每天巡查工地，发现问题及时督促有关人员解决，按时复查并做记录。

工地项目部应加强对施工队的安全教育工作的检查。

6. 现场安全事故的应急预案

(1)施工现场应重视与有关单位的联系，了解附近医疗单位、消防单位、公安部门、电力部门、燃气部门以及街道派出所的电话、地址，以便发现情况及时联系。

(2)普及现场急救常识、重视救护物品的准备，如备用急救物品的准备、存放、确认、定期检查和更换消防器材、准备各种安全防护用具等。

(3)加强现场安全事故应急处理的培训以及灭火知识教育，严格进行保护事故现场、隔离和切断危险源(如电源、气源、火源)的正确方法的培训，可以有效地控制事故的蔓延。

(二)施工防火安全管理

1. 施工现场发生火灾的原因

(1)施工工地易燃物品多，在这些物品的使用和保管过程中，安全距离常常难以满足要求，火势容易蔓延。

(2)施工工地现场条件复杂，电线和插头多，易磨损、破裂产生漏电而引发火灾。

(3)施工工地现场电作业和焊接作业多，容易引燃易燃物品。

(4)施工工地道路狭窄、障碍物多，消防设施难以及时发挥作用。

2. 火灾的预防

(1)建立以防火工作为重点的一系列管理制度。

(2)建立具体的安全防火责任制度和定期防火检查制度。

(3)建立合理的机械设备更新、使用、保养和维修制度，减少引起火灾的隐患。

(4)建立易燃、易爆、易挥发、易腐蚀等物品的管理和使用制度，防止发生火灾或减轻火灾的蔓延趋势。

(5)加强施工现场的用电、用火管理，对于电线、开关、电闸、配电箱必须设专人管理，严禁现场吸烟、喝酒、私接乱接电线、使用电炉和取暖器。

(6)坚持做好现场防火宣传工作，提高现场火灾防范能力。

(三)安全事故的预防与处理

1. 安全事故预防的原则

(1)坚持“安全第一，预防为主”的原则。

(2)坚持现场常规安全管理和重点安全管理相结合的原则。

(3)科学地安排现场施工，实现施工安全的动态管理的原则。

(4)建立严格的检查、考核和统计制度，加强建筑施工企业安全管理和现场安全管理并重的原则。

(5)健全一系列安全生产责任制和规章制度，实施安全生产目标。

2. 预防安全事故的具体措施

(1)加强安全思想教育和安全法规教育；

(2)加强职工安全技术知识培训和教育；

(3)加强施工现场的安全防护；

(4)严格执行安全检查制度；

(5)建立劳动保护用品按期发放制度。

3. 安全事故的调查与处理

(1)安全事故的处理程序

①保护事故现场，及时抢救伤员；②迅速成立安全事故调查小组；③事故现场情况调查；④分析事故产生原因；⑤确定事故的性质；⑥撰写事故报告；⑦事故的审理和结案。

(2)收集调查资料　为了弄清事故发生的原因，必须收集与事故有关的各种资料：

①与事故有关的图纸资料，如施工图、变更通知、材料替换通知等等。

②与事故有关的施工文件资料，如施工组织设计、施工方案、安全技术措施、安全责任制、会议纪要、建设方来文等等。

③与事故有关的各种文件、资料和数据，如施工日志、构件及材料的强度报告、现场施工及管理文件等等。

(3)现场勘察　勘察发生事故时现场的基本情况，时间、地点、天气；现场人员情况，如人数、姓名、职务；现场原情况和事故发生后的情况确认；现场人员、机械、设备、安全防护设施和现场施工条件有无异常情况等等。

现场事故情况实录，采用照相、摄像和录音的办法将现场情况如实反映出来，以便调查分析时参考。

采用绘制图形的方法将事故所涉及的平面、立体关系反映出来，针对安全事故对工程所造成的破坏程度和影响程度、事故的规模以及对工程质量的影响必须明确地反映出来。

(4)事故调查报告内容　应包括事件发生的时间、地点及周围环境情况；事故调查的基本事实；人员伤亡情况、经济损失情况、工期损失情况及其他方面影响；施工现场责任人、事故受害人的情况；事故破坏程度的基本描述；通过调查查明事故发生的经过，分析各种因素，如人员、技术、设备、机械等可能的事故隐患，找出事故产生的主要原因。

事故调查小组在报告中，要充分反映事故发生的经过、原因、责任、教训、损失情况、处理意见及改进安全措施的意见和建议，报有关部门审批。附有关调查材料的原件。

(5)事故的审理和结案　事故调查报告上报后，经有关部门审批后才能结案。对事故主要责任人应根据事故的损失大小和责任轻重区别对待，严肃处理。安全事故资料进行专案存档。

(6)事故主要处理方案　一般情况下追究与安全质量事故有关的直接责任人、主要责任人、重要责任人和领导责任人的责任，主要有行政处理、经济赔偿、法律责任三个方面的内容，视具体情况的轻重不同而定。

对于发生安全事故的施工单位，分别施以经济赔偿、停止营业、没收营业执照、降级处理或追究法律责任等处罚，除此之外对工程项目所产生的质量影响，还需要专家进行需要做技术处理或者提出不必做技术处理的论证工作。

三、任务实施

(1)师生共同分析施工安全管理的内容。

(2)根据园林工程总平面图和招投标文件，学生分组讨论如何编制施工安全管理方案。

四、学习评价

学习评价标准	分值	教学评价			总评
		小组评价 40%	学生自评 20%	教师评价 40%	
施工安全管理具体内容的确定	20				
能正确编制施工安全管理方案	20				
自学能力	20				
完成任务态度	20				
出勤情况	20				
小计	100				

五、复习思考

1. 施工安全事故产生的原因有哪些？
2. 施工安全事故产生的类型有哪些？
3. 安全事故预防的原则是什么？
4. 简述事故主要处理方案。

六、总结

重点：(1)施工安全事故产生的类型，安全事故预防的原则。

(2)对施工安全管理的理解与应用。

难点：根据园林工程实例编制施工安全管理方案。

工作任务六　施工合同管理

一、任务描述

任务说明

1. 教师提供园林工程实例，分析施工合同管理工作的内容。

2. 学习施工合同管理各项工作的具体内容。

任务要求

根据工程施工图纸、招投标文件和其他相关资料，学会编制施工合同。

二、相关知识

（一）合同概述

合同是指当事人或当事双方之间设立、变更、终止民事关系的协议。通俗来说合同是指两人或几人之间、两方或多方当事人之间在办理某事时，为了确定各自的权利和义务而订立的各自遵守的条文。

合同管理是指对合同的签订和履行所进行的计划、组织、指导、监督和协调，顺利实现经济目的的一系列活动。合同管理的具体内容包含：合同管理制度、重大合同审查管理、履行监督和结算管理、违约纠纷管理等。

建设工程合同指在工程建设过程中发包人与承包人依法订立的、明确双方权利义务关系的协议，本质上是承揽合同的一种。在建设工程合同中，承包人的主要义务是进行工程建设，权利是得到工程价款；发包人的主要义务是支付工程价款，权利是得到完整、符合约定的建筑产品。

在建设工程中，主要的建设合同关系如图 3-6-1 所示：

建设工程合同具有合同主体严格性（发包人一般是法人，承包人必须是法人）、合同标的特殊性（建筑物及相关产品）、合同履行的长期性、投资和程序的严格性、合同形式特殊性（书面）等特征。

按照不同的分类标准，工程合同可分为以下几种类型：

1. 按完成承包的内容分类

建设工程勘察合同、建设工程设计合同、建设工程施工合同。

2. 按工程承发包的范围和数量分类

建设工程总承包合同、建设工程承包合同、建设工程分包合同。

3. 按付款方式分类

（1）总价合同　适用于工程量不太大且能精确计算、工期较短、技术不太复杂、风险不大的项目。

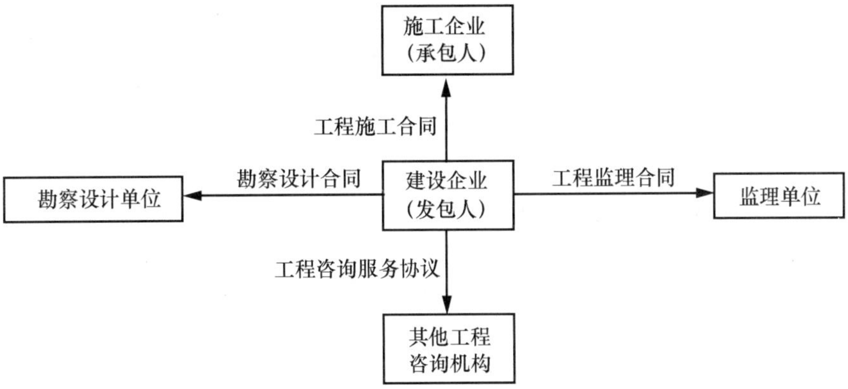

图 3-6-1　主要的建设合同关系

(2)单价合同　适用项目很广，大多用于工期长、技术复杂、大型复杂工程的施工，以及为了缩短建设周期，初步设计完成后就进行施工招标的工程。

(3)成本加酬金合同　适用需要立即开展工作，或新型工程项目，或工程内容及技术经济指标未确定的项目。

工程项目建设过程中所有参与者相互之间通过合同对工程项目的管理是项目管理的核心。按照合同的生命周期，建设工程合同管理的主要内容包括：合同订立前的管理，主要是工程的招投标管理；合同订立中的管理，主要是施工合同管理；合同履行中的管理，其他合同管理；合同发生纠纷时的管理，主要是工程索赔处理。这些过程都是建立在符合法律法规合同的基础之上的。

合同确定工程项目的价格(成本)、工期和质量(功能)等目标，规定合同双方责权利关系。所以合同管理必然是工程项目管理的核心。广义地说，工程项目的实施和管理全部工作都可以纳入合同管理的范围。合同管理贯穿于工程实施的全过程和工程实施的各个方面。它作为其他工作的指南，对整个项目的实施起总控制和总保证作用。在现代工程中，没有合同意识则项目整体目标不明；没有合同管理，则项目管理难以形成系统，难以有高效率，不可能实现项目的目标。

在项目管理中，合同管理是一个较新的管理职能。近十几年来，合同管理已成为工程项目管理的一个重要的分支领域和研究的热点。它将项目管理的理论研究和实际应用推向新阶段。

在现代建筑工程中不仅需要专职的合同管理人员和部门，而且要求参与工程项目管理的其他各种人员(或部门)都必须精通合同，熟悉合同管理和索赔工作。

合同管理作为工程项目管理的一个重要的组成部分，它必须融合于整个工程项目管理中。要实现工程项目的、目标，必须对全部项目、项目实施的全过程和各个环节、项目的所有工程活动实施有效的合同管理，形成健全有序的合同体系。合同管理与其他管理职能密切结合，共同构成工程项目管理系统。

(二)工程合同管理的目的

发展和完善建筑市场。建立社会主义市场经济，就是要建立、完善社会主义法制经济。作为国民经济支柱产业之一的建筑业，要想繁荣和发达，就必须加强市场的法制建设，健全市场的法规体系。

规范市场主体、市场价格和市场交易。建立完善的市场体系，是一项经济法制工程，它要求对市场主体、市场价格和市场交易等方面加以法律调整。市场主体进入市场交易，其目的就是为了开展和实现工程项目承发包活动。因此，有关主体必须具备合法的主体资格，才具有订立建设工程合同的权利能力和行为能力。产品价格，是市场中交换商品的价格。市场主体必须依据有关规定，运用合同形式，调整彼此之间的产品合同价格关系。市场交易，是指对产品通过工程项目招标投标的市场竞争活动进行的交易，最后采用订立建设工程合同的法定形式加以确定。在此过程中，市场主体依据有关招标投标及合同法规行事，方能形成有效的建设工程合同关系。

加强管理，提高建设工程合同履约率。牢固树立合同的法制观念，加强建设工程项目的合同管理，合同双方当事人必须从自身做起，坚决执行建设工程合同法规和合同示范文本制度，严格按照法定程序签订建设工程项目合同，认真履行合同文本的各项条款。监理工程师通过谨慎而勤奋的工作，通过对建设工程合同的严格管理，力求在计划的投资、进度和质量目标内实现建设项目的目标，这样就可以大大提高建设工程合同的履约率。

进行工程合同管理不仅有利于提高我国建设水平，开放国际市场，增加经济效益，而且有助于我国社会主义法治体系，尤其是项目法人责任制、招投标制度、合同法等的建设。

（三）合同管理的组织设置

合同管理的任务必须由一定的组织机构和人员来完成。要提高合同管理水平，必须使合同管理工作专门化和专业化，在承包企业和建筑工程项目组织中应设立专门的机构和人员负责合同管理工作。

对不同的企业组织和工程项目组织形式，合同管理组织的形式不一样，通常有如下几种情况：

（1）工程承包企业应设置合同管理部门（科室），专门负责企业所有工程合同的总体的管理工作。主要包括：参与投标报价，对招标文件、对合同条件进行审查和分析；收集市场和工程信息；对工程合同进行总体策划；参与合同谈判与合同的签订，为报价、合同谈判和签订提出意见、建议甚至警告；向工程项目派遣合同管理人员；对工程项目的合同履行情况进行汇总、分析，对工程项目的进度、成本和质量进行总体计划和控制；协调项目各个合同的实施；处理与业主，与其他方面重大的合同关系；具体组织重大的索赔；对合同实施进行总的指导、分析和诊断。

（2）对于大型的工程项目，设立项目的合同管理小组，专门负责与该项目有关的合同管理工作。在美国恺撒公司的施工项目管理组织结构中，将合同管理小组纳入施工组织系统中，设立合同经理、合同工程师和合同管理员。

（3）对于一般的项目，较小的工程，可设合同管理员。他在项目经理领导下进行施工现场的合同管理工作。而对于处于分包地位，且承担的工作量不大，工程不复杂的承包商，工地上可不设专门的合同管理人员，而将合同管理的任务分解下达给各职能人员，由项目经理作总体协调。

（4）对一些特大型的，合同关系复杂、风险大、争执多的项目，在国际工程中，有些承包商聘请合同管理专家或将整个工程的合同管理工作（或索赔工作）委托给咨询公司或管理公司。这样会大大提高工程合同管理水平和工程经济效益，但花费也比较高。

(四)工程合同管理的主要内容

建设工程合同是建设单位作为出资人将工程建设委托给有资质的承包人承建,在合同中应明确双方各自的责任、权利、义务,从而实现工程预期的质量、进度、安全文明、造价方面的要求。建设工程合同管理的核心内容如下。

1. 合同文本管理

合同文本中委托事项要明确,范围界定清晰,条文完整,双方合作遵守的法律法规要有明确的依据,对合同范围及内容清晰明白,对双方的责任、权利、义务明确且具体全面,对合同风险有较好的分担与转移措施,同时对违约责任也要有明确的规定,工程参建方违约了,建设单位有权利中止合同或有对违约方进行经济处罚的权利,这样便于建设单位在合同管理过程中发现当合同执行偏离合同目标时,有明确的措施来确保合同进入正常的轨道上来。

2. 质量目标管理

建设工程合同中界定好质量目标、验收标准、验收规范,制定质量目标不能实现时,如何处置的措施。这样建设单位在合作过程中对质量目标进行管理时,有明确的质量目标、验收依据,对不合格的工程有明确的处置措施,从而确保工程质量目标的实现。

3. 工期目标管理

建设工程合同中要明确的总工期要求、分段工期要求及不能满足工期要求应受到的处罚等,这样建设单位在合作过程进行工期目标管理时,有明确的可操作性的管理方法,通过合同工期管理从而实现工程预期的进度要求。

4. 安全文明目标管理

建设工程由于施工时交叉作业多,安全风险大,受环境的影响大,所以施工过程中一定要确保安全文明施工,安全文明施工不光体现在施工过程中,在设计阶段、咨询阶段也要考虑设计方案便于安全文明施工,合同中均要有明确安全文明施工目标要求,施工过程中依照合同约定进行管理,确保安全文明施工目标的实现。

5. 投资效率的最大化

建设工程在建设过程中,是以建设单位出资为前提的,建设单位的投资最终结果是想实现投资效率的最大化。为了实现投资效率的最大化这个终极目标,在工程建设的全寿命阶段,建设单位的管理无一不围绕这个终极目标来策划。建设单位对合同文本的管理、过程管理,风险管理、动态管理,其目的是实现投资效率的最大化。

(五)完善合同管理的对策及建议

建设工程的具体实践是通过建设工程施工来实现的,随着工程项目的建设与装修,工程项目的实物逐渐清晰,这类建设工程的合同管理显得有形、实在、具体。建设工程施工类合同金额高,周期长,受自然环境、社会环境影响大,合同内容与自然人的接触多,这类建设工程合同管理方法具体、成熟。建设工程施工类合同管理的核心是工程质量、进度、造价及安全文明施工。

1. 施工合同签订前的策划管理

由于建设工程造价高,建设工程施工合同签订前应按《中华人民共和国招标投标法》进行公开的招标投标,通过招标投标来选择施工队伍。建设单位或其委托的招标代理单位在编制招标文件时就应将招标文件内容与施工合同内容结合起来考虑,招标文件中就应策划好工程的质量目标、工期要求、安全文明施工要求、施工内容，明确合同风险范围，材料、设备的供应方式，提出竣工工程结算方式及合同价款支付等具体要求，为施工合同签订做好前期准备。这个阶段的合同管理是对建设单位最有利的，建设单位是最主动的，只要招标文件的内容符合《中华人民共和国建筑法》《中华人民共和国招标投标法》及地方建设工程行政管理办法，建设单位尽可能地维护好自己的权利，充分考虑日后合同签订后合作中的不利因素，制定较好的应对措施。如在满足法律法规的前提下，结合自身的财务状况制定可行的、有利于财务成本的进度款支付方式，结合使用功能要求策划出施工用主材的采购方式及分包工程的内容。

2. 施工合同签订过程管理

施工合同签订尽量用规范的合同文体，合同内容协调一致，合同文字严谨，不要出现相互矛盾或前后不一致的表述；合同目标清晰，合同的管理目标的核心部分即工程质量、工期、安全文明施工目标明确，工程造价控制中的结算办法、工程签证等约定明确具体，工程进度款支付方式科学具体；合同条款完整，既要有明确的责任、义务、权利约定也要有违反合同约定的处理措施，既要有施工过程约定也要有竣工验收合格的质量保修约定，既要有工程实体管理的约定又要有工程资料管理的约定；施工合同内容的科学性合理性，合同内容既要体现合作双方的自愿性、平等性，又要符合国家的法律法规要求；合同内容既要约定的合同内的风险范围也要约定合同风险外的风险共担的原则；合同内容既要有原则性又要有很强的可操作性。

3. 施工过程中的合同管理

建设工程的施工过程，是按经审查合格的设计图纸进行施工，施工合同中一般有对施工过程管理的约定，施工过程的合同管理就是建设单位按照施工合同的约定，对施工单位按设计图施工进行管理的过程。在施工过程中，建设工程外形一天一个样，随着时间的推移，建设工程项目外观越来越具体，工程的质量、进度、安全文明施工控制节点越来越明确，施工合同管理也越来越具体，施工单位在施工合同约定的工期内，按设计图施工，经分部分项验收合格后，建设单位按合同约定支付工程进度款，建设单位、施工单位自觉履行合同约定的责任、义务，享受合同赋予的权利，使得建设工程施工在合同中约定的质量目标，工期目标，安全生产、文明施工目标能顺利完成。

在施工过程中，施工合同管理的难点主要有以下几种情况：

(1)发生了工程变更；

(2)发生了合同约定外的风险；

(3)施工资料的真实性、全面性难以保证。

这三种情况是施工过程中合同管理的重点，对此，施工合同管理的主要措施及建议是：

①一般的工程变更，当涉及的金额不大、施工不困难、对工程建设总的目标影响不大时，只要经施工现场的管理人员、监理、设计人员、建设单位施工现场代表共同论证，认为该变更是必要的、可行的就可获得批准通过。

②当工程变更涉及的金额较大、给施工增加困难、对建设工程影响较大时，该变更将按工程建设前期论证的程序，组织相关咨询人员、专业技术人员进行论证，并报政府行政主管部门审批后方可通过。

③当合同约定的风险范围外的风险因社会环境、自然环境、政策法规影响变化较大时，建设单位及施工单位需要在咨询单位、监理单位的共同参与下，结合招标文件、合同文件中

对风险的约定原则，本着实事求是的精神，在政府行政文件的指导下，及时、公平、公正地进行协商，达成一致意见后形成书面合同的补充文件，及时完善施工过程中合同管理的新问题，确保工程建设目标的顺利进行。

④设置专人对施工过程资料进行收集、整理，及时归档。施工过程资料主要有建设行政主管部门发布的管理性文件、建设单位与参建单位往来函件、设计图纸及工程变更单、地质勘查技术资料、施工过程质量保证资料、施工管理性资料、施工合同及补充协议等，专职的资料管理人员应工作严谨、归档及时，必要时借用现代计算机管理平台对施工过程资料实行动态的管理，运用数码技术对施工过程进行影像记录归档。

4. 竣工验收时合同管理

施工单位在合同约定的管理模式下，将合同约定的工作内容竣工后，向监理单位、建设单位提出验收申请，监理单位、建设单位审查合同内容已全部完成，具备验收条件时，由建设单位组织设计单位、地质勘查单位、咨询单位、监理单位、政府行政管理职能部门共同对竣工的工程项目进行质量验收，参与验收的专业人员按照国家对竣工工程验收的标准要求，通过查阅施工过程记录、查看建设工程外观、实测已完工程的分部分项检验值、现场检验试用材料设备等一系列的检验方法、手段，对竣工工程进行检验与验收。验收结果一般有三种，合格、存在一些质量缺陷需整改复查后合格、不合格。这个验收主要是针对工程质量的验收，工程广义的验收还有节能验收、环境影响评价验收、规划验收、消防验收、无障碍设施验收、绿化验收、电梯验收（如有电梯时）、高压供电验收（如发生时）等。这些验收均要在施工合同约定的原则下进行，分清职责，验收时发生的各项专业检测费用按合同约定进行支付。工程竣工验收合格后，交付建设单位使用时，建设单位按合同约定支付工程进度款，并办理竣工工程结算手续。这一切都是常规的竣工验收合同管理，竣工验收时合同管理的难点主要有两种情况：

（1）到了合同约定工程竣工时间，由于施工单位的原因，工程竣工验收时，有质量缺陷或不合格，导致不能使用，而建设单位又急需使用。

（2）到了合同约定的工程竣工时间，由于施工单位的原因，工程没有竣工，不能交付使用。

针对竣工验收时合同管理的难点，建设单位应采取的主要控制措施是：

①启用合同约定中对工期、质量违约的条款，按此条款要求及时地对施工单位发出书面通知，要求施工单位承担由此产生的一切后果，并接受合同约定的处罚。

②敦促施工单位、监理单位制定出应对措施、整改措施，尽快地完成合同约定的内容，积极对质量缺陷进行整改，满足合同约定的质量目标，将各方的损失降到最低。

③必要时采取终止合同的措施，将未完成的工作委托给有资质、信誉好的第三方施工单位来完成，确保工程能尽快竣工，合格投入使用，减少建设单位运行、生产、使用的工期压力。

5. 竣工验收合格后合同管理

工程竣工验收合格后，建设单位的施工合同管理分两个方面：

（1）竣工工程质量保修期合同管理。工程竣工验收合格后，按合同约定可以正常生产使用，在使用过程中，建设工程不可避免地暴露出一些质量缺陷，影响工程的正常使用。这时按质量保修条款约定来管理，如果是施工单位的责任，施工单位责无旁贷地维护和修改，根据对工程使用影响的程度来定维修时间，监理要对维修过程予以监督，维修完成后，经建设单位组织验收；当施工单位不配合时，为了不影响正常生产使用，建设单位自行委托有资质、信誉良好的第三方施工单位来维修，维修费用从预留的质量保证金中支付。如果不是施工单位的责任，是建设单位使用不当造成的，可以委托原施工单位维修，但建设单位应将此作为工程变更增加，支付增加工程的工程款；此时如果建设单位因为原施工单位质量意识不强、维修部分的综合单价过高、原合作不愉快等原因，也可将此维修委托给第三方施工单位维修，但不得影响、破坏原工程的结构，否则以后有什么质量缺陷让原施工单位维修，就会产生维修费用的纠纷。

(2)竣工工程验收后工程结算管理。建设单位、施工单位双方在施工合同约定下都能自觉地履行责任、义务，使得施工单位的施工内容圆满完成，建设工程竣工验收合格，可以正常投入生产使用。此时建设工程的质量、工期、安全文明施工目标都顺利实现，合作的双方开始对工程结算进行核对与审核了。施工单位提出完整的竣工资料及结算报告书报送建设单位，建设单位自己或委托有资质的中介单位对竣工结算报告书进行审核。

结算审核的依据是施工合同及补充协议，如果施工合同签订、工程变更管理均是科学合理的，那么这个阶段合同管理的重点是：

①审核人员的素质。审核人员如果具有良好的工程造价管理知识、丰富的施工现场管理经验、高尚的职业道德意识，这样的审核人员在审核过程中能将工程量计算准确、综合单价测算科学、对合同及补充协议中相关结算条款理解深刻，同时不会被施工单位的各种经营手段所诱惑，这样的结算审核是公平、公正、科学、合理的。

②竣工资料的完整性、客观性。由于工程竣工后的结算审核，工程施工过程已经完成，审核人员只能从施工过程资料中查阅当时的施工情况，审核人员的审核结论是建立在竣工资料的完整性与客观性上，同时审核人员应善于从大量的竣工资料中找出资料中与客观实际不相符的地方，借用施工过程影像记录来还原施工过程，将施工单位高估冒算的地方剔除出来，将施工过程不满足合同要求的地方挑选出来，尽量找出并挤干施工单位报送的结算报告书中的水分，使得竣工工程的结算价真实、科学、合理。

③注意索赔，争取反索赔。索赔是指在合同履行过程中，对于并非自己的过错，而是应由对方承担责任的情况造成的实际损失向对方提出经济补偿和(或)时间补偿的要求。工程建设过程中，由于工期长、金额大，建设单位由于地质条件的变化、或为完善使用功能、或由于内部管理需要等原因不可避免地对原工程设计内容进行变更与完善，同时由于建设管理市场环境的变化，行政主管部门会发布一些指导性调整建筑市场人工、材料、机械台班的单价，施工单位在竣工结算时会据此对建设单位进行索赔。建设单位专业合同管理人员或委托的结算审核人员应对索赔依据、内容进行系统的分析、整理、对比、运用，根据合同约定及行政主管部门发布文件的精神进行索赔计算，科学、合理地确定索赔内容。同时根据施工过程管理资料的收集、结合施工合同约定、行政主管部门发布的文件精神，建设单位还可以对施工单位进行反索赔。如施工单位拖延工期、降低施工过程中的质量标准，有证明其偷工减料的资料，结算审核时可据此扣减其结算价，实现反索赔。

如果施工合同签订、工程变更管理存在一定的不规范性，竣工结算审核时就会发生扯皮、纠纷现象，那么这个阶段合同管理的重点是：

①收集好建设工程招投标文件、各项技术资料、施工合同及补充协议、施工过程资料、竣工验收资料、双方往来资料等。

②充分借助监理单位、跟踪审计造价咨询单位的协调。
③必要时准备起诉与应诉。

三、任务实施

(1)师生共同分析施工合同管理的内容。
(2)学生分组讨论如何编制施工合同。

四、学习评价

学习评价标准	分值	教学评价			总评
		小组评价 40%	学生自评 20%	教师评价 40%	
施工合同具体内容的确定	20				
能正确编制施工合同	20				
自学能力	20				
完成任务态度	20				
出勤情况	20				
小计	100				

五、复习思考

1. 工程合同管理的目的是什么?
2. 建设工程合同管理的核心内容是什么?
3. 施工合同管理的主要措施及建议有哪些?
4. 针对竣工验收时合同管理的难点,建设单位应采取的主要控制措施有哪些?

六、总结

重点:(1)施工合同管理的主要内容。
(2)对施工合同管理的理解与应用。
难点:根据园林工程实例编制施工合同。

工作任务七　施工资料管理

一、任务描述

任务说明

本任务主要学习园林工程施工资料的主要内容、管理规定及管理流程。

任务要求

会进行园林工程项目施工资料的管理工作。

二、相关知识

施工资料是施工单位在工程施工过程中形成的资料，是施工全过程的记录文件。

（一）园林工程施工资料的主要内容

1. 中标通知书和园林工程施工合同

略。

2. 工程开工报审表

工程开工报审表如表 3-7-1 所示。

表 3-7-1　工程开工报审表

工程名称：

致：总监理工程师＿＿＿＿＿＿先生 　　我方承担的＿＿＿＿＿＿＿＿＿＿＿＿＿＿＿＿＿工程，已完成了以下各项工作，具备了开工条件，特此申请施工，请核查并签发开工指令。 　　附：1. 开工报告 　　　　2.（证明文件） 承包单位（盖章）＿＿＿＿＿＿ 项目经理＿＿＿＿＿＿ 日期＿＿＿＿＿＿
审查意见： 项目监理机构＿＿＿＿＿＿ 总监理工程师＿＿＿＿＿＿ 日期＿＿＿＿＿＿

3. 施工组织设计(方案)报审表

施工组织设计(方案)报审表如表 3-7-2 所示。

表 3-7-2 施工组织设计(方案)报审表

工程名称:

致: 我方已根据施工合同的有关规定完成了__________施工组织设计(方案)的编制,并经我单位上级技术负责人审查批准,请给予审查。 附:施工组织设计(方案) 承包单位(盖章)__________ 项目经理__________ 日期__________
专业监理工程师审查意见: 专业监理工程师__________ 日期__________
总监理工程师审查意见: 项目监理机构__________ 总监理工程师__________ 日期__________

4. 施工组织设计

略。

5. 施工放样报验单

施工放样报验单如表 3-7-3 所示。

表 3-7-3　施工放样报验单

工程名称：

致：__________先生

我方已完成____________________定点放线工作，请予检查。

附：施工平面布置示意图

施工单位放线人员：　　　　　　　　　　项目技术负责人：

工程定点放样表			
位置	工程名称	放样内容	备注
			附平面位置布置及尺寸详图

监理检验结果：

监理工程师：　　　　　　年　　月　　日

监理工程师意见：

监理工程师：　　　　　　年　　月　　日

6. 工程开工报告

工程开工报告如表 3-7-4 所示。

表 3-7-4　工程开工报告

编号：

工程名称		日期	

致：__________(监理单位)

根据合同约定，建设单位已取得主管单位审批的施工许可证，我方也完成了开工前的各项准备工作，计划于______年______月______日开工，请审批。

已完成报审的条件有：

1. □建设工程施工许可证(复印件)
2. □施工组织设计(含主要管理人员和特殊工种资格证明)
3. □施工测量放线
4. □主要人员、材料、设备进场
5. □施工现场道路、水、电、通信等已达到开工条件

施工单位名称：　　　　　　　　项目经理(签字)：

审查意见：

监理工程师(签字)：　　　　　　日期：　年　月　日

审批结论：　　□同意　　□不同意

监理单位名称：　　　　　　总监理工程师(签字)：

年　月　日

注：本表由施工单位填报，建设单位、监理单位、施工单位各存一份。

7. 建筑材料试验、检验报告

建筑材料的试验、检验资料如表 3-7-5 所示。

表 3-7-5　工程材料报验单

工程名称		表号	监 A-06
施工合同编号		编号	

致：__________（监理单位）

下列建筑材料经自检试验，符合技术规范和设计要求，报请验证，并准予进场使用。

附：1. 材料清单（材料名称、产地、厂家、用途、规格、准用证号、数量）

2. 材料出厂合格证

3. 材料复试报告

4. 准用证

承包单位（盖章）__________

项目经理__________

日期__________

监理单位审定意见：

监理单位（盖章）__________

监理工程师__________

日期__________

注：本表由承包单位呈报三份，审批后建设单位、监理单位、承包单位各执一份。

8. 进场设备报验单

进场设备报验单如表 3-7-6 所示。

表 3-7-6　进场设备报验单

工程名称		表号	监 A-02
施工合同编号		编号	

致：__________（监理单位）

下列施工设备已按合同规定进场，请查验签证，准予使用。

设备名称	规格型号	数量	生产单位	进场日期	技术状况	拟用何处	备注

项目经理：　　　日期：　　　承包单位（盖章）：

监理单位审定意见：

监理单位（盖章）__________

监理工程师__________

日期

注：本表由承包单位呈报三份，查验后建设单位、监理单位、承包单位各执一份。

9. 工程苗木报审表

工程苗木报审表如表 3-7-7 所示。

表 3-7-7 工程苗木报审表

工程名称： 编号：

致：__________(监理单位)

我方于______年______月______日进场的工程苗木数量如下，经我公司自检符合设计规格和甲方、监理的要求，请予以审核。

苗木清单：

承包单位(盖章)__________

项目经理__________

日期__________

审查意见：

经审查上述工程苗木，符合/不符合设计文件和规范要求，准许/不准许进场。

项目监理机构__________

总监理工程师__________

日期__________

10. 工程变更及现场签证资料

园林工程变更及现场签证资料如表 3-7-8、表 3-7-9 所示。

11. 工程数量签认资料

工程数量签认资料如表 3-7-10 所示。

12. 质量检验评定资料

质量检验评定资料如表 3-7-11 所示。

13. 隐蔽工程检查、验收记录及施工日记

隐蔽工程检查、验收记录及施工日记如表 3-7-12、表 3-7-13、表 3-7-14 所示。

14. 工程竣工资料

(1)工程竣工报验单如表 3-7-15 所示。

(2)工程竣工报告如表 3-7-16 所示。

表 3-7-8　工程变更单

工程名称：　　　　　　　　　　　　　　　　　　　　　　　　　　　　编号：

致：__________（监理单位）

由于____原因，兹提出工程变更（内容见附件），请予以审批。

附件

提出单位__________

代表人__________

日期__________

一致意见：

建设单位代表　　　　设计单位代表　　　　项目监理机构

签字：　　　　　　　签字：　　　　　　　签字：

日期：　　　　　　　日期：　　　　　　　日期：

表 3-7-9　工程现场签证表

工程名称：　　　　　　　　　　　　　　　　　　　　　　　　　　　　编号：

工程数量		施工部位	
建设单位		施工单位	
签证原因：			
报签人		报签日期	
签证内容：			
审批金额		审批时间	

建设单位代表签字盖章	年　月　日	监理单位代表签字盖章	年　月　日	施工单位代表签字盖章	年　月　日

表 3-7-10　工程数量签认表

工程名称：

序号	项目名称	单位	数量	计算公式	备注
1					
2					
3					

<table>
<tr><td>建设
单位
代表
签字
盖章</td><td>年　　月　　日</td><td>监理
单位
代表
签字
盖章</td><td>年　　月　　日</td><td>施工
单位
代表
签字
盖章</td><td>年　　月　　日</td></tr>
</table>

表 3-7-11　园林单位工程质量综合评定表

工程名称：　　　　施工单位：　　　　开工日期：　年　月　日

工程面积：　　　　绿化类型：　　　　竣工日期：　年　月　日

项次	项目	评定情况	核定情况
1	分部工程评定汇总	共：　分部 其中：优良　分部 优良率　% 土方造型分部质量等级 绿化种植分部质量等级 建筑小品分部质量等级 其他分部质量等级	
2	质量保证资料	共核查　项 其中：符合要求　项 经鉴定符合要求　项	
3	观感评定	应得　分 实得　分 得分率　%	

<table>
<tr><td>企业评定等级：
企业经理：
企业技术负责人：

公　章
年　　月　　日</td><td>园林绿化工程质量监督站
建设单位或主管：
站长或主管：
部门负责人：

公　章
年　　月　　日</td></tr>
</table>

制表人：　　　　年　　月　　日

表 3-7-12　隐蔽工程检查记录

年　月　日　　　　　　　　　　　　　　　　　　编号：

<table>
<tr><td>工程名称</td><td colspan="2"></td><td>施工单位</td><td></td></tr>
<tr><td>隐检项目</td><td colspan="2"></td><td>隐检部位</td><td></td></tr>
<tr><td>隐检内容</td><td colspan="4"></td></tr>
<tr><td>检查情况</td><td colspan="4"></td></tr>
<tr><td>处理意见</td><td colspan="4"></td></tr>
<tr><td rowspan="2">签字</td><td>施工单位</td><td>监理单位</td><td>建设单位</td><td>设计单位</td></tr>
<tr><td></td><td></td><td></td><td></td></tr>
</table>

注：本表一式 4 份，建设单位、监理单位、设计单位、施工单位各一份。

表 3-7-13　隐蔽工程验收记录

编号：　　　　　　　　　　　　　　　　　　年　　月　　日

<table>
<tr><td colspan="2">单位工程名称</td><td colspan="2">建设单位</td><td colspan="3">施工单位</td></tr>
<tr><td colspan="2"></td><td colspan="2"></td><td colspan="3"></td></tr>
<tr><td rowspan="4">隐蔽
工程
内容</td><td colspan="2">分部分项工程名称</td><td>单位</td><td>数量</td><td colspan="2">图样编号</td></tr>
<tr><td colspan="2"></td><td></td><td></td><td colspan="2"></td></tr>
<tr><td colspan="2"></td><td></td><td></td><td colspan="2"></td></tr>
<tr><td colspan="2"></td><td></td><td></td><td colspan="2"></td></tr>
<tr><td rowspan="2">验收
意见</td><td>施工负责人</td><td colspan="5"></td></tr>
<tr><td>专职质量员</td><td colspan="5"></td></tr>
<tr><td rowspan="3">建设
单位</td><td rowspan="3"></td><td rowspan="3">监理
单位</td><td rowspan="3"></td><td rowspan="3">施工
单位</td><td>施工负责人</td><td></td></tr>
<tr><td>质量员</td><td></td></tr>
<tr><td>验收日期</td><td></td></tr>
</table>

(3)竣工图。园林工程项目竣工图是真实地记录各种地下、地上园林景观要素等详细情况的技术文件，是对工程进行交工验收、维护、扩建、改建的依据，也是使用单位长期保存的技术资料。

竣工图绘制基本要求，一般规定如下：

①凡按图施工没有变动的，则由施工单位(包括总包和分包施工单位)在原施工图上加盖“竣工图”标志后即作为竣工图。

②凡在施工中，虽有一般性设计变更，但能将原施工图加以修改补充作为竣工图的，可不重新绘制。由施工单位负责在原施工图(必须是新蓝图)上注明修改部分，并附设计变更通知单和施工说明，加盖“竣工图”标志后，即作为竣工图。

表 3-7-14　施工日记

年　月　日　　最高气温　　　　　　　　上午（晴、多云、阴、小雨、大雨、雪）

气候

星期　　　　　最低气温　　　　　　　　下午（晴、多云、阴、小雨、大雨、雪）

工种						
人数						
专业	施工情况					记录人

存在问题（包括工程进度与质量）：

记录人：__________

处理情况：

记录人：__________

其他（包括安全与停工等情况）：

记录人：__________

项目经理：__________

表 3-7-15 工程竣工报验单

工程名称： 编号：

致：__________（监理单位）

我方已按合同要求完成了______________工程，经自检合格，请予以检查和验收。

附件：

承包单位（盖章）__________

项目经理__________

日期__________

审查意见：

经初步验收，该工程

1. 符合/不符合我国现行法律法规要求
2. 符合/不符合我国现行工程建设标准
3. 符合/不符合设计文件要求
4. 符合/不符合施工合同要求

综上所述，该工程初步验收合格/不合格，可以/不可以组织正式验收。

项目监理机构__________

总监理工程师__________

日期__________

表 3-7-16 工程竣工报告

<table>
<tr><td>工程名称</td><td></td><td>施工面积</td><td></td><td>地点</td><td></td></tr>
<tr><td>建设单位</td><td></td><td>结构类型</td><td></td><td>造价</td><td></td></tr>
<tr><td>施工员</td><td></td><td>计划工期</td><td></td><td>实际工期</td><td></td></tr>
<tr><td>开工日期</td><td></td><td>竣工日期</td><td></td><td></td><td></td></tr>
<tr><td colspan="2">技术资料齐全情况</td><td colspan="4"></td></tr>
<tr><td colspan="2">竣工材料达到情况</td><td colspan="4"></td></tr>
<tr><td colspan="2">甩项项目和原因</td><td colspan="4"></td></tr>
<tr><td colspan="2">本工程已于 年 月 日全部竣工，请于 年 月 日在现场派人验收。
技术负责人：
项目经理：
年 月 日</td><td colspan="2">监理单位审核意见：
签名（公章）：
年 月 日</td><td colspan="2">建设单位审批意见：
签名（公章）：
年 月 日</td></tr>
</table>

③凡结构形式改变、工艺改变、平面布置改变、项目改变以及有其他重大改变，不宜再在原施工图上修改补充者，应重新绘制改变后的竣工图。由于设计原因造成的，由设计单位负责重新绘图；由于施工原因造成的，由施工单位负责重新绘图；由于其他原因造成的，由建设单位自行绘图或委托设计单位绘图，施工单位负责在新图上加盖“竣工图”标志并附以有关记录和说明，作为竣工图。

④竣工图要与实际情况相符。

⑤竣工图图面要整洁，字迹要清楚，使用绘图笔或签字笔及不褪色的绘图墨水绘制。

(二)园林工程施工资料的管理规定

1. 施工资料应实行报验、报审管理

施工过程中形成的资料应按报验、报审程序，通过相关施工单位审核后，方可报建设(监理)单位。

2. 施工资料的报验、报审应有时限要求

工程相关各单位宜在合同中约定报验、报审资料的申报时间及审批时间，并约定应承担的责任。当无约定时，施工资料的申报、审批不得影响正常施工。

3. 施工资料移交

园林工程实行总承包的，应在与分包单位签订施工合同中明确施工资料的移交套数、移交时间、质量要求及验收标准等。分包工程完工后，应将有关施工资料按约定移交。

4. 竣工资料审查

施工单位提交的竣工资料必须由监理工程师审查完之后，认为符合工程合同及有关规定，且准确、完整、真实，便可签署同意竣工验收的意见。

(三)园林工程施工资料的管理流程

(1)工程技术报审资料管理流程如图 3-7-1 所示。

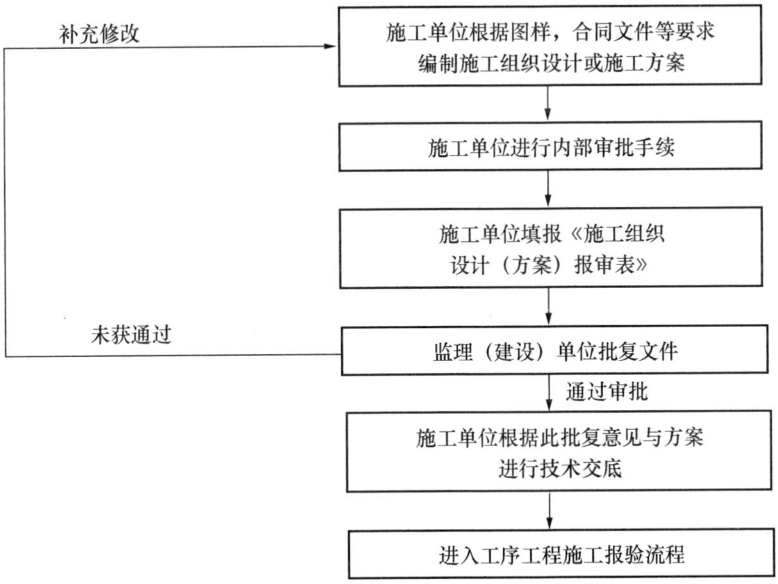

图 3-7-1　工程技术报审资料管理流程

(2)工序施工报验资料管理流程如图 3-7-2 所示。

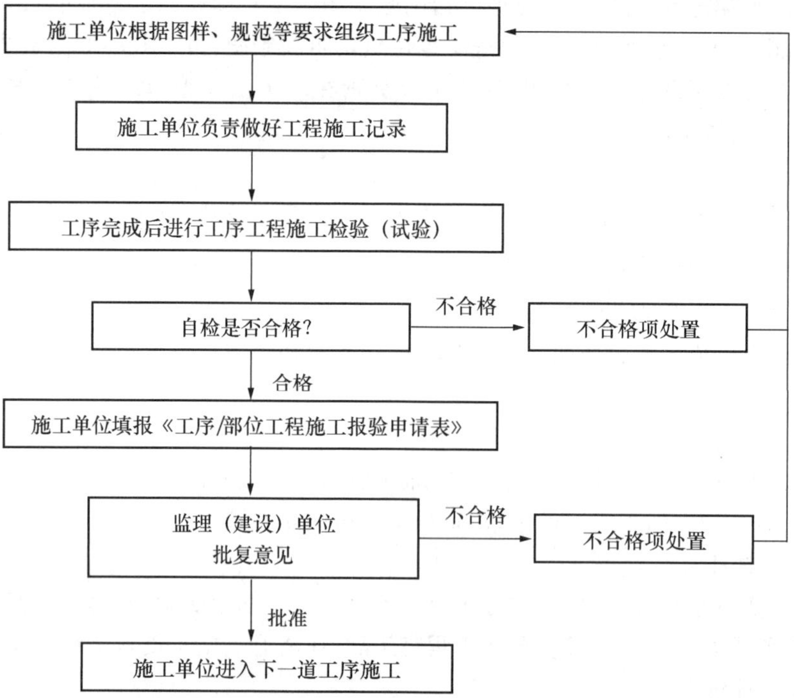

图 3-7-2　工序施工报验资料管理流程

(3)工程物资选样资料管理流程如图 3-7-3 所示。

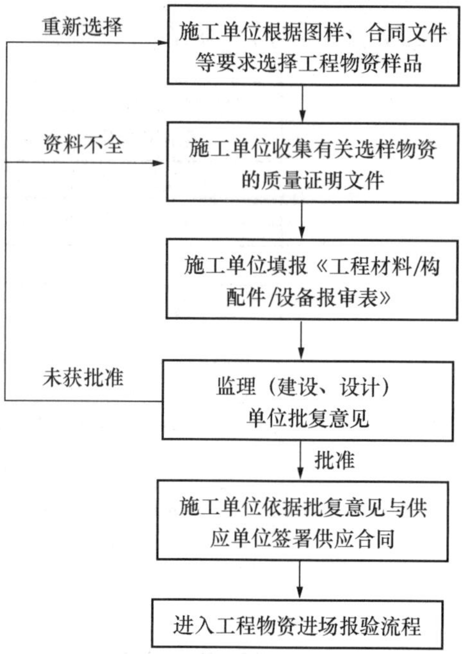

图 3-7-3　工程物资选样资料管理流程

(4)物资进场报验资料管理流程如图 3-7-4 所示。

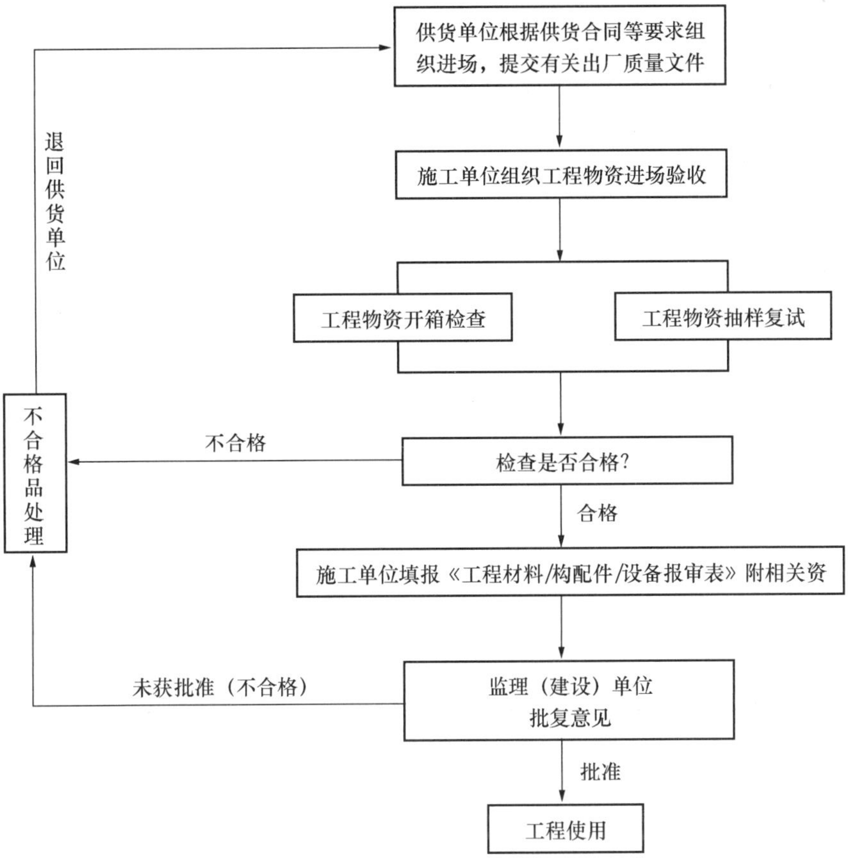

图 3-7-4　物资进场报验资料管理流程

(5)竣工报验资料管理流程如图 3-7-5 所示。

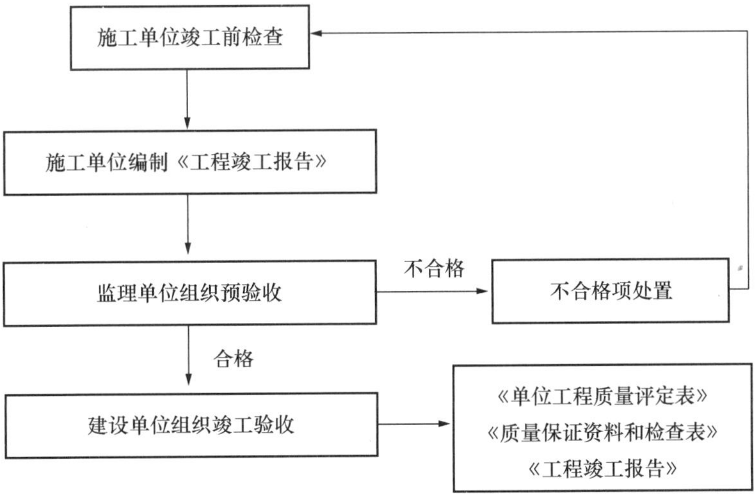

图 3-7-5　竣工报验资料管理流程

三、任务实施

（1）教师根据园林工程施工资料的管理内容及流程设置若干问题。

（2）学生分组讨论并回答问题。

四、学习评价

学习评价标准	分值	教学评价			总评
		小组评价 40%	学生自评 20%	教师评价 40%	
掌握园林工程施工资料的管理内容与流程	20				
针对具体园林工程，能进行施工资料管理工作	30				
回答教师提问	20				
自学能力	10				
完成任务态度	10				
出勤情况	10				
小计	100				

五、复习思考

1. 园林工程施工资料主要有哪些？
2. 简述园林工程技术报审资料管理的流程。
3. 简述园林工程物资进场报验资料管理的流程。

六、总结

重点：（1）园林工程施工资料的管理内容。

（2）园林工程施工资料的管理流程。

难点：针对具体园林工程，能进行施工资料管理工作。

工作任务八　竣工验收管理

一、任务描述

任务说明

1. 会整理汇总竣工验收资料；
2. 会制定竣工验收方案；
3. 能够参与完成园林工程的竣工验收工作。

任务要求

1. 掌握园林工程竣工验收的程序；
2. 掌握园林工程竣工验收标准；
3. 掌握园林工程质量验收内容及方法。

二、相关知识

(一)园林工程竣工验收概述

竣工验收是建设单位对施工单位承包的工程进行的最后施工验收，它是园林工程施工的最后环节，是施工管理的最后阶段。它既是项目进行移交的必需手续，又是通过竣工验收对建设项目成果进行全面考核评估的过程。为使工程能尽早投入使用，向游人开放，尽快发挥其投资效益，竣工验收是不可或缺的环节。

1. 园林工程竣工验收应当具备的条件

(1)完成园林工程全部设计和合同约定的各项内容，达到使用要求。其中绿化工程绿化完工验收合格、经一年养护且养护合格后方可进行竣工验收。

(2)有完整的技术档案和施工管理资料。

(3)有工程使用的主要建筑材料、建筑构配件、设备和绿化土壤的进场试验报告。

(4)有勘察、设计、园林绿化规划审批部门、施工、工程监理等单位分别签署的质量合格文件。

(5)有施工单位签署的园林工程保修书。

2. 园林工程竣工验收的依据

(1)上级主管部门审批的计划任务书、设计文件等。

(2)招投标文件和工程合同。

(3)施工图纸和说明、图纸会审记录、设计变更签证和技术核定单。

(4)国家或行业颁布的现行施工技术验收规范及工程质量检验评定标准。

(5)有关施工记录及工程所用的材料、构件、设备质量合格文件及验收报告单。

(6)施工单位提供的有关质量保证文件。

(7)国家颁布的有关竣工验收文件。

3. 园林工程质量验收分类及内容

园林建设工程质量的验收是按工程合同规定的质量等级，遵循现行的质量评定标准，采用相应的手段对工程分阶段进行质量认可与评定。园林工程质量验收应按分项、分部或单位工程进行分类验收，其具体内容见表 3-8-1。

表 3-8-1　园林工程质量验收分项、分部和单位工程分类表

单位工程	分部工程	分项工程
绿化工程	栽植基础	客土、场地整理、地形整理
	植物材料	植物材料进场验收签证
	树木栽植	放线、树穴、施肥、种植、定向及排列、支撑、修剪、养护
	草坪、花坛、地被栽植	土地平整、放线、树穴、施肥、草坪播种、草坪栽种(根)、草卷铺设、地被及花坛植物种植、养护
	攀缘、悬挂绿化	挂依附物、土地平整、施肥、种植、挂架、养护
	大树、名贵树移植	放线、树穴、施肥、种植、定向及排列、支撑、修剪、伤口处理、养护
	屋顶绿化	防水、排(蓄)水设施、土壤基质、喷灌设施、乔木种植、灌木种植、草坪种植、附属设施、养护
	边坡绿化	锚杆安装、挂防护网(挂笼砖)、施肥、种植、养护
园林建筑及小品工程	建筑	参照建安工程
	建筑装饰	参照建安工程
	筑山	假山、叠石、塑石
	园路广场	砼基层、灰土基层、碎石基层、砂石基层、砖面层、料石面层、花岗石面层、卵石面层、木板面层、路缘石
	园林小品	栏杆扶手、景石、花架廊架、亭台水榭、喷泉叠水、桥涵(拱桥、平桥、木桥等)、堤、岸、花坛、园凳、标识牌、果皮箱、座椅、雕塑镌刻
园林给排水	绿地给水	管沟、井室、管道安装、设备安装、喷头安装、回填
	绿地排水	排水盲沟管道、漏水管道、管沟及井室
园林用电	景观照明	照明配电箱、电管安装、电缆敷设、灯具安装、接地安装、开关插座、照明通电试用
	其他用电	广播、监控等

注：单位工程是指具备独立施工条件或独立合同段的新建、扩建、改建的绿化工程或以一个单一(一组)的建筑物或一个(一组)独立的构筑物为一个单位工程。

(1)隐蔽工程验收　隐蔽工程是指那些在施工过程中上一工序的工作结束，被下一工序所掩盖，而无法进行复查的部位。例如种植坑、直埋电缆等管网。因此，对这些工程在下一工序施工以前，现场监理人员应按照设计要求、施工规范，采取必要的检查工具，对其进行检查验收。如果符合设计要求及施工规范规定，应及时签署隐蔽工程记录交承接施工单位归入技术资料；如不符合有关规定，应以书面形式告诉施工单位，令其处理，处理符合要求后再进行隐蔽工程验收与签证。

隐蔽工程验收通常是结合质量控制中技术复核、质量检查工作来进行的，重要部位改变时可摄影以备查考。

隐蔽工程验收项目及内容以绿化工程为例，包括：苗木的土球规格、根系状况、种植穴规格、施基肥的数量、种植土的处理等。

(2)分项工程验收　对于重要的分项工程，监理工程师应按照合同的质量要求，根据该分项工程施工的实际情况，参照质量评定标准进行验收。

在分项工程验收中，必须按有关验收规范选择检查点数，然后计算出基本项目和允许偏差项目的合格或优良的百分比，最后确定出该分项工程的质量等级，从而确定能否验收。

(3)分部工程验收　根据分项工程质量验收结论，参照分部工程质量标准，可得出该工程的质量等级，以便决定能否验收。

(4)单位工程竣工验收　通过对分项、分部工程质量等级的统计推断，再结合对质保资料的核查和单位工程质量观感评分，便可系统地对整个单位工程做出全面的综合评定，从而决定是否达到合同所要求的质量等级，进而决定能否验收。

(二)园林工程竣工验收程序

1. 初步验收

初步验收也称竣工预验收，监理机构收到施工单位的工程竣工申请报告后，应就验收的准备情况和验收条件进行检查。对工程实体质量及档案资料存在的缺陷，及时提出整改意见，并与施工单位协商整改清单，确定整改要求和完成时间。

(1)竣工项目的预验收，是在施工单位完成自检自验并认为符合正式验收条件，在申报工程验收之后和正式验收之前的这段时间内进行的。

(2)委托监理的园林工程项目，总监理工程师应组织所有各专业监理工程师来完成初步验收。竣工预验收要吸收建设单位、设计、质量监督人员参加，而施工单位也必须派人配合竣工验收工作。

(3)为做好竣工预验收工作，总监理工程师要提出一个预验收方案。这个方案含预验收需要达到的目的和要求，预验收的重点，预验收的组织分工，预验收的主要方法和主要检测工具等，并向参加预验收的人员进行必要的培训，使其明确以上内容。

2. 正式验收

当初步验收检查结果符合竣工验收要求时，监理工程师应将施工单位的竣工申请报告报送建设单位，着手组织勘察、设计、施工、监理等单位和其他方面的专家组成竣工验收小组，并制定验收方案。

建设单位应在工程竣工验收前7个工作日将验收时间、地点、验收组名单通知该工程的工程质量监督机构。建设单位组织竣工验收会议。

正式竣工验收是由国家、地方政府、建设单位以及单位领导和专家参加的最终整体验收。

(1)园林工程竣工验收组织

①建设单位收到验收报告并审查各项验收条件后，应将园林工程具备验收条件的情况、技术资料情况和专项验收情况报园林绿化工程质量监督机构。

②经园林绿化工程质量监督机构审查并同意验收的，由建设单位组织勘察、设计、施工、监理等单位(项目)负责人和其他有关方面专家组成验收组，制定验收方案，确定验收时间。

③建设单位确定工程竣工验收(或绿化完工验收)时间后，应通知园林绿化工程质量监督机构，园林绿化工程质量监督机构应派员对验收工作进行监督。

(2)园林工程竣工验收组成人员

①建设单位：单位(项目)负责人、其他现场管理人员。

②施工单位：单位负责人、项目经理、质量负责人、技术负责人。

③设计单位：单位(项目)负责人、主要专业设计人。

④监理单位：项目总监理工程师、其他现场监理人员。

验收组组长由建设单位法人代表或其委托的项目负责人担任。建设单位也可邀请有关专家参加验收小组；政府投资的项目验收时建设单位的上级主管部门应当参加。

(3)园林工程竣工验收方案内容

①工程概况介绍：工程名称、地址、性质、结构、规模等基本情况。

②验收依据：本工程验收使用的标准、规范情况，图纸设计和审批情况，工程资料情况等。

③时间、地点、验收组成人员。

④工程验收主持人和参建各方汇报工程情况。

⑤验收程序、内容和组成形式。

(三)验收检查方法

在对园林工程各项目进行正式验收之前，一般要经过初步验收，即竣工项目的预验收，从某种意义上说，它比正式验收更为重要。因为正式验收的时间短促，不可能详细、全面地对工程项目一一查看，这些工作主要依靠对工程项目的预验收来完成，作为一名总监理工程师应将预验收作为竣工验收工作的重点。

检查中，分成若干专业小组进行，划定各自工作范围，以提高效率并可避免相互干扰。园林建设工程的预验收，要全面检查各分项工程。检查方法有以下几种：

1. 直观检查

直观检查是一种定性的、客观的检查方法，采用手摸眼看的方式，需要有丰富经验和掌握标准熟练的人员才能胜任此工作。

2. 测量检查

对上述能实测实量的工程部位都应通过实测实量获得真实数据。

3. 计数

对各种设施、器具、配件、栽植苗木都应一一计数、分类、记录，如有遗缺不足的或质量不符合要求的，都应通知承接施工单位补齐或更换。

4. 实际操作

实际操作是对功能和性能检查的好办法，对一些水电设备、游乐设施等应启动检查。

上述检查之后，各专业组长应向总监理工程师报告检查验收结果。如果查出的问题较多较大，则应指令施工单位限期整改并再次进行复验，如果存在的问题仅属一般性的，除通知承接施工单位抓紧整修外，总监理工程师即应编写预验收报告一式三份，一份交施工单位供整改用；一份备正式验收时转交验收委员会；一份由监理单位自存。这份报告除文字论述外，还应附上全部预验收检查的数据。与此同时，总监理工程师应填写竣工验收申请报告送项目建设单位。

三、任务实施

1. 组织与准备

将参加预验收的监理工程师和其他人员，按专业区段分组，指定负责人。验收检查前，先组织预验收人员熟悉有关验收资料，制定检查方案，并将检查项目的各子目及重点检查部位以表或图列示出来。同时准备好查验工具、记录表格供检查中使用。

2. 验收步骤

(1)竣工验收资料审查　认真审查好技术资料，满足正式验收的需要，也为工程档案资料的审查打下基础。

——技术资料审查的内容

①工程项目的开工报告；

②工程项目的竣工报告；

③图纸会审及设计交底记录；

④设计变更通知单；

⑤技术变更核定单；

⑥工程质量事故调查和处理资料；

⑦水准点、定位测量记录；

⑧材料、设备、构件的质量合格证书；

⑨试验、检验报告；

⑩隐蔽工程记录、施工日志、竣工图及质量检验评定资料等。

——审查方法

①审阅：边看边查，把不当的及遗漏或错误的地方记录下来，然后再对重点仔细审阅，做出正确判断，并与承接施工单位协商更正。

②校对：监理工程师将自己日常监理过程中所收集积累的数据、资料，与施工单位提交的资料一一校对，凡是不一致的地方都记载下来，然后再与承接施工单位商讨，如果仍然不能确定的地方，再与当地质量监督站及设计单位来佐证资料的核定。

③验证：若出现几个方面资料不一致而难以确定时，可重新测量实物予以验证。

(2)工程质量预验收　将参加预验收的监理工程师和其他人员，按专业或区段分组，并指定负责人。验收检查前，先组织预验收人员熟悉有关验收资料，制定检查方案，并将检查项目的各子目及重点检查部位以表或图列示出来。同时准备好工具、记录、表格，以供检查中使用。在预验收过程中要全面检查各分项工程。

——绿化工程质量检查　对绿化工程项目进行质量检查，重点是对栽植的基础工程和植物材料工程进行检查。

①栽植基础工程。

a. 看绿化栽植的土壤是否符合植物生长要求，除特殊情况外(如屋顶绿化等)，栽植土下无不透水层。

检验方法：检查土壤检测报告及实物观察。

检查数量：按面积每 10 000 m^2 取样检测 1 次，面积≤10 000 m^2 应取样检测 1 次；回填土按每 500 m^2 取样检测 1 次，面积≤500 m^2 应取样检测 1 次。

b. 检查绿化施工所用的有机肥主要理化性状是否符合植物的生长要求。

检验方法：检查有机肥料检测报告及实物观察。

检查数量：按有机肥料每 20 t 取样检测 1 次，≤20 t 应取样检测 1 次。

c. 土地应平整，回填的栽植土应达到自然沉降的状态，地形的造型和排水坡度应符合设计要求。栽植土整洁，无明显的石砾、瓦砾等杂物；土壤疏松不板结。

检验方法：采用观察或尺量检查的验收方法。

检查数量：按面积随机抽查 5%，以 500 m^2 为一个抽检区域，每个区域抽查不得少于 3 点，≤500 m^2 应全数检查。

②植物材料工程。植物材料的品种数量应符合设计要求，严禁带病、虫、草害。

检验方法：观察和对照设计图纸、合同预算中的植物材料的品种，检查“苗木出圃单”及植物材料的“植物检疫证”。

检查数量：乔、灌木按栽植数量抽查≥20%，但乔木不少于 50 株，灌木不少于 100 株；草皮地被按面积抽查 5%，50 m^2 为一点；草花按面积抽查 10%，2 m^2 为一点。

③树木栽植工程。树木栽植的成活率应按乔木、大灌木和小灌木分别列出，成活率均须≥95%方能进行竣工验收。死亡苗木应按设计要求适时补种，确保成活，或者与接管单位协商解决。其质量应符合下列规定。

a. 种植土：土壤疏松不板结，土块易捣碎，无建筑垃圾，无不透水层。

b. 姿态和生长势：树木主干基本挺直(特殊姿态要求除外)，树形完整，生长健壮。

c. 土球和裸根树根系：土球大小符合设计要求，土球完整，包扎牢固，清除土球包装物后，泥土不松散；裸根树木主根无劈裂，根系完整，无损伤，切口平整。

d. 病虫害：无病虫害。

e. 放线定位、定向及排列：放线定位符合设计要求，丛植树主要观赏朝向应丰满完整，排列适当；孤植树树形完整不偏冠(特殊姿态要求除外)，行列树、行道树排列整齐划一。

f. 栽植深度、培土、浇水：栽植深度应符合大树生长需要，土壤在下沉后，根颈应与地面等高或略高。栽植时打碎土块，分层均匀培土，分层捣实，及时浇足定根水且不积水。

g. 修剪及伤口处理：按设计要求或自然树形修剪，清除损伤折断的树枝、枯枝败叶、病虫害枝等。乔木分枝点符合设计要求，不留短桩、树钉。切口要做伤口处理。

h. 垂直度、支撑：树干或树干重心应与地面垂直；支撑设施因树因地设桩或拉绳，树木绑扎处应夹软垫，不伤树木，稳定牢固；规则式种植支撑设施的大小、方向、高度及位置应整齐划一。

i. 数量：数量符合设计要求。

检查方法：观察和尺量。

——园林建筑及小品工程

①假山、叠石、塑石。假山、叠石、塑石主体构造应符合设计要求，截面应符合结构需求，并在此基础上符合造型艺术质量。其质量应符合下列规定：

a. 基础：基础符合设计要求。底石材料要求坚实、耐压，不允许用风化过度石块作基石。

b. 石材：所选用石材质地要求一致，色泽相近，纹理一致。石料不能有裂缝、损伤、剥落现象。

c. 勾缝：勾缝应满足设计要求，做到自然、无遗漏。如设计无说明的，则用 1∶1 水泥砂浆进行勾缝，勾明缝不宜超过 20 mm 宽，暗缝应凹入石面 15～20 mm；色泽应与石料色泽相近。

d. 基架：基架结构满足设计要求。所选用角铁、钢丝网、钢筋、水泥、砖块等材料符合相关材料标准。

e. 着(上)色：为满足造景需要，塑石着色应无脱落、水溶现象。并提供相关材料合格证明。

f. 其他材料：其他材料应有产品合格证，并满足相关标准要求。

g. 艺术造型：满足设计要求

检验方法：观察、尺量检查及查阅资料。

检查数量：全数检查。

②汀步安装。汀步的造型首先应符合设计要求，安置应稳固，相邻二汀步空隙不得大于 25 cm。高差不大于 5 cm。

检验方法：观察、尺量检查。

检查数量：全数检查。

③园路、广场铺装。

a. 面层：所用板块的品种，质量应符合设计要求，面层与基层的结合应牢固，无空鼓。卵石色泽及块石大小搭配协调，颜色分配和顺，颗粒铺设清晰，石粒清洁，嵌入砂浆深度应大于颗粒的 1/2，应竖向接贴排列，不得平铺。

检验方法：用小锤轻击和观察检查。

检查数量：按自然段抽查 10%，但不少于三处。

b. 基层、垫层、结合层等应符合设计要求，做好隐蔽签证记录。

检验方法：查阅工程资料。

——园林水电工程

①园林电气工程应符合建筑电气工程施工质量验收规范(GB 50303—2015)的要求。

②给排水工程应符合给水排水管道工程施工及验收规范(GB 50268—2017)的要求。

③喷灌工程应符合喷灌工程技术规范(GB/T 50085—2007)的要求。

上述检查之后，总监理工程师应汇总各专业组长检查验收结果。如果查出的问题较多较大，则应指令施工单位限期整改并再次进行复验，如果存在的问题仅属一般性的，除通知承接施工单位抓紧整修外，总监理工程师即应编写预验报告一式三份，一份交施工单位供整改用；一份备正式验收时转交验收委员会；一份由监理单位自存。这份报告除文字论述外，还应附上全部预验检查的数据。与此同时，总监理工程师应填写竣工验收申请报告并报送项目建设单位。

(3)正式验收

——准备工作

①向各验收委员会单位发出请柬，并书面通知设计、施工及质量监督等有关单位。

②拟定竣工验收的工作议程，报验收委员会主任审定。

③选定会议地点。

④准备好一套完整的竣工和验收的报告及有关技术资料。

——正式竣工验收程序

①由各验收委员会主任主持验收委员会会议。会议首先宣布验收委员会名单，介绍验

收工作议程及时间安排，简要介绍工程概况，说明此次竣工验收工作的目的、要求及做法。

②由设计单位汇报设计施工情况及对设计的自检情况。

③由施工单位汇报施工情况以及自检自验的结果情况。

④由监理工程师汇报工程监理的工作情况和预验收结果。

⑤在实施验收中，验收人员或先后对竣工验收技术资料及工程实物进行验收检查；也可分为两组，分别对竣工验收的技术资料及工程实物进行验收检查。在检查中可吸收监理单位、设计单位、质量监督人员参加。在广泛听取意见、认真讨论的基础上，统一提出竣工验收的结论意见，如无异议，则予以办理竣工验收证书和工程验收鉴定书。

⑥验收委员会主任或副主任宣布验收委员会的验收意见，举行竣工验收证书和鉴定书的签字仪式。

⑦建设单位代表发言。

⑧验收委员会会议结束。

工程竣工验收合格后，施工单位要向建设单位逐项办理工程移交手续和其他固定资产移交手续，签订交接验收证书。并根据合同规定办理工程结算手续。工程结算手续一旦办理完毕，合同双方除施工单位承担工程保修工作以外，建设单位同施工单位双方的经济关系和法律责任即予解除。

四、学习评价

学习评价标准	分值	教学评价			总评
		小组评价 40%	学生自评 20%	教师评价 40%	
园林工程竣工验收程序	20				
园林工程质量检查内容	20				
园林工程质量验收标准	20				
完成任务态度	20				
出勤情况	20				
小计	100				

五、复习思考

1. 简述园林工程验收的程序。
2. 园林工程竣工验收主要核查的内容有哪些？
3. 怎样理解园林工程正式验收工作？

六、总结

重点：(1)园林工程竣工验收程序。

(2)园林工程竣工验收具体内容。

难点：园林工程竣工验收标准。

工作任务九　绿化养护管理

一、任务描述

任务说明

1. 教师提供园林种植设计图。

2. 学生分组讨论学习。

任务要求

针对具体园林绿化种植工程，会开展绿化养护管理工作。

二、相关知识

(一)园林绿化工程施工管理的原则

园林绿化工程是园林工程的重要组成部分，为了能良好地表达园林的自然美与和谐美，绿化工程施工应遵循以下原则：

1. 符合设计要求

施工人员必须认真识读园林种植设计图，了解设计意图，并严格按照设计图纸进行施工。

2. 熟知植物习性

掌握各种乔、灌木及花草的生长习性。不同树种对环境条件的要求和适应能力各不相同，如杨、柳、榆、槐、椿等发根力较强的树种，栽植后容易成活，可采用裸根栽植，苗木的包装、运输可以简单些，栽植技术可以粗放些；而一些常绿树种，尤其是常绿针叶树，根系再生能力差，栽植时必须带土球，栽植技术要求严格。

3. 合理安排栽植时间

各种花草树木均有最适宜的栽植季节。在北方地区，栽植一般以春季最佳，但因植物种类不同，也有先后早晚的差异。如针叶树在早春土层将化未化时带土球栽植最好，而阔叶树可以稍晚；草花类可在 5 月后定植，草坪铺植可延后至 6 月乃至 7 月、8 月。

4. 生态功能与艺术功能的统一

在保证植物栽植成活率的前提下，不能忽视园林艺术功能。园林绿化工程区别于普通植树造林的关键在于要表达出园林的自然美与和谐美。可通过种植设计、造型修剪等技术来提升园林绿化植物的观赏价值。

(二)乔灌木的养护管理

乔灌木定植后，应尽快开展养护管理工作。养护管理是树木成活的后期保障，主要包括支撑固定、浇水、围护(干冠保护和地面保护)等。

1. 支撑固定

园林绿化工程施工中，胸径在 5 cm 以上的乔木需要设置支撑物固定。由于各地的风向、风力大小不同，采取的支撑固定方式也不同，一般采用支柱固定，也有采用拉绳固定。不管何种固定方式，都应达到固定树干的目的。不管何种支撑物，与树干接触的部位需用胶皮或麻片包裹，防止磨损树干。支撑物一般需要在树木完全成活，靠自生根能固定位置后才可以撤走。

支柱的材料一般采用比较廉价、生产快的杨柳枝干，也可用竹竿、铁管等材料。

支柱支撑方式有以下几种：

(1)一般地径 8 cm 以下采用横杆式支撑；

(2)一般胸径 18 cm 以内采用三角支撑，要求高度、角度保持一致，稳固；

(3)树阵式和行道树栽植使用四角支撑，要求支撑高度、角度和路的距离保持一致，整齐、美观；

(4)丛生大树采用脚手架管或多点支撑；

(5)“网状”支撑；

(6)竹子支撑。

2. 浇水

新植乔灌木，要保证足够的水分。一般要在一周以内浇三次透水：第一次浇定根水需在乔灌木栽植后 24 h 内完成，且要浇透；其余两次每次间隔 2～3 d。三次透水之后可稍缓，但不能出现干旱，树坑表层土壤略干即可再次浇水，三年以上乔灌木，每半月或每月浇水一次即可。

3. 干冠保护

在气温较高的季节栽植乔灌木，定植后可将树干用湿草绳缠绕或用塑料条绑缚，避免阳光直射树干，以减少水分流失减小蒸腾作用；绿篱的冠幅上面可用遮阳网或草帘覆盖，减少光照和蒸腾。

在干旱地区，为了减少蒸腾作用，乔灌木栽植后常在树干、树冠上喷施抗蒸腾剂，对提高树木移栽成活率也很有利。

4. 地面保护

新植乔木浇完三次透水后，需要进行一次中耕，用锄头或铁锹对围堰内的表层土壤进行浅层松土，切断土壤表层土毛细管，减少土壤水分蒸发。

在干旱地区，浇完一次透水后，采用地膜覆盖技术，将树穴周围用地膜封盖，一方面保水，另一方面可以提高地温，加快根系活动。

在人流量较大的街道或游览区域，树木栽植后的树穴经常被踩实，应加设树穴护盖或树池透气护栅，既防践踏又保持树穴通气。

(三)草坪的养护管理

草坪在园林绿化中占有重要地位，可以提供绿色背景并具有一定的生态功能。但往往草坪在栽植后(工程验收后)较短的时间内，由于养护管理不善致使其一片片发黄，甚至出现斑秃，严重影响园林景观效果。因此，要获得好的草坪景观效果，在栽植后的养护管理上必须做到以下几个方面。

1. 合理灌溉

浇水是草坪养护管理的首要措施，水分的多少直接影响草坪景观效果，必须做到合理灌溉。

(1)浇好返青水　北方大部分地区冬春季干旱少雨，为使草坪正常返青必须浇足返青水，浇水深度以 10 cm 为宜，确保草坪在春季萌动，为其正常生长奠定良好的基础。

(2)生长期正常管理　浇水要严格按照“不干不浇，浇则浇透”的原则。当草坪呈现暗绿色时，说明已经缺水，应立即浇水。浇水时间以春秋季节在每天 8—16 时，夏季 10—15 时为宜；浇水深度以 10 cm 为宜，浇水过多会使根系腐烂，浇水过少会使草坪根系只分布在土壤表层(3～5 cm 处)形成浅根系，致使草坪生长势弱、抗旱性差。

(3)浇足防冻水　浇足防冻水是保证草坪安全越冬、正常返青的必要措施。因为北方冬季气温较低、降水少，如果土壤中的水分含量不足，即不利于翌年春季草坪的萌动和返青，甚至造成其大面积死亡。因此，必须浇足防冻水，浇水深度应在 10 cm 以上。

2. 合理修剪

草坪具有耐修剪的特性，适当修剪可以促进草坪分蘖，有效防治杂草，减轻病虫害的发生。

(1)修剪可以迫使草体内养分重新分配，促进根系发育，刺激分蘖，健壮草体，增加抗性。修剪高度根据草坪不同用途而定，一般为 3～5 cm。

(2)适当修剪是防治杂草简单而有效的措施，特别是对杂草初期防治。因为大多数杂草特别是阔叶杂草生长点高，不耐修剪。因此，修剪可以把杂草的生长点剪除，使杂草从草坪中消失。

(3)修剪可以防治病虫害的发生。一般病害先从叶尖开始发生，虫卵主要分布在叶梢，经修剪可以剪去有病虫的叶片。注意剪下的残草应及时处理掉。

3. 杂草的防除

杂草防除效果会直接影响草坪景观的好坏，如果杂草防除不佳会使草坪提早退化甚至整片消失。草坪杂草的防除要以人工和生物防除为主，以化学防除为辅。

(1)人工防除　对于面积较小的草坪特别是栽植初期，人工防除杂草虽费工、费时，但实用效果好，对草坪无伤害。修剪也可以起到防除杂草的作用。

(2)化学防除　在杂草严重地块可以采用化学防除，采用“草坪宁”除草剂系列效果较好，也可以自己根据需要配制，但不管何种除草剂在使用前必须先试验后再大面积使用，以免造成不必要的损失。特别注意要选择不飘浮、对人无害的除草剂。

4. 合理施肥

草坪由于经常修剪和浇水，致使土壤中的养分流失严重，因此，必须合理施肥保证草坪正常生长的需要。草坪施肥应以缓效氮肥为主，选用多元素复合肥。施肥原则为施好返青肥，生长季节看苗施肥，重施晚秋肥。

施返青肥是保证草坪正常返青和春季草坪景观的关键环节，施肥种类可选择硫铵(尿素)＋磷酸二氢铵，使草坪生长健壮；生长季节看苗的长势而定；晚秋肥可施氮、磷、钾复合肥，可促进草坪根系的发育，为草坪正常返青储备充足的养分。

5. 病虫害防治

草坪在栽植时，施工单位为了尽快达到景观效果而加大播种量，这样对后期管理十分不利。播种量的加大致使草坪密度过大，根系较浅，长势弱，易徒长，因而抗性弱，易发生病虫害。草坪病虫害的防治应以预防为主。

病害防治：在 5 月中旬至 6 月上旬连续喷施 3 次药剂，药剂可选 800 倍液“多菌灵”“甲霜灵”等混合使用或交替使用。

虫害防治:7—10 月是虫害发生较严重的时期,要做到勤观察,发现草坪有为害症状时应立即喷药。在北方常发生的虫害有小地老虎、黏虫、草地螟等。虫害初期药剂可选用“敌百虫”效果较好,后期用溴氰菊酯 1 500～2 000 倍液效果较好,在夏季用辛硫磷 1 000 倍液(喷药后浇水效果更好),喷药时加入 0.5%尿素施叶面肥对草坪生长具有一定的促进作用。

6. 适时打孔、梳草

草坪生长到一定时期后,由于经常浇水、行人践踏易使土壤板结,应适时打孔可以起到通气、透水、促进根系发育的作用。梳草可以起到清除残草、减小草坪密度和减少病虫害发生的作用。

(四)大树移植后的养护管理

大树一般是指胸径在 20 cm 以上的落叶乔木和胸径在 15 cm 以上的常绿乔木,移植这种规格的树木称为大树移植。

通过大树移植,可在短时间内优化园林绿地的植物配置和空间结构,及时满足绿化、美化要求。但是大树的再生能力较幼树明显减弱,移植后一段时间内树体生理功能大大降低。树体常常因供水不足、水分代谢失去平衡而枯萎,甚至死亡。因此,大树移栽后一定要加强后期的养护管理,尤以第一年最为关键。应把大树移栽后的精心养护看成是确保移栽成活和树木健壮生长不可或缺的重要环节。

1. 支撑固定

大树移植后应支撑固定,以防地面土层湿软,大树遭风袭导致歪斜、倾倒,同时根系与土层紧密接触有利于根系生长。一般采用三柱支架三角形支撑固定法,支撑点为树体高 2/3 处,支架与树皮交接处可用厚胶皮或草包等作为隔垫,以免磨伤树皮。通常在 2 年后大树根系恢复良好再撤除支架。

2. 浇水与控水

新移植的大树,根系吸水功能弱,对土壤水分需求量较小,因此只要保持土壤适当湿润即可。若浇水量过大,会影响土壤的透气性能,影响根系的呼吸,对发根不利,严重的会导致烂根死亡。为此,一方面要严格控制浇水量,移植时第一次浇透水,即浇定根水,保证树根与土壤密实接触,以后视天气情况与土壤干燥情况,谨慎浇水,同时要慎防对地上部分喷水过多使水滴进入根系区域;另一方面要防止树穴内积水,种植时留下浇水穴,在第一次浇透水后即应填平或略高于周围地面,以防下雨或浇水时积水。同时,在地势低洼易积水处,要开排水沟,保证雨天及时排水,做到雨止水干。另外,为提高成活率,浇定根水时加入活力素稀释液和防烂根剂,可促发新根,抑制和防止树木的烂根现象。

3. 干冠保湿

大树移栽后树木开始进行生理活动,地下根系吸水的同时地上部分枝干树叶在蒸腾水分。由于蒸腾作用与温度、空气湿度、光照强度等因素密切相关,当蒸腾量大于根系吸水量,并且持续时间过长时,就会导致大树死亡。因此,通过控制蒸腾,增加地上部分干冠的湿度,可以有效抑制水分过度散失,提高大树移植后的成活率。

主要方法有以下几种:

(1)包裹树干　大树移栽后,为了避免强阳光直射和热风吹袭,减少树干、树枝的水分蒸发,可用浸湿的稻草绳严密包裹树干和比较粗壮的分枝,贮存一定水分,使枝干经常保持湿润，同时草绳缠绕具有一定的保温性，能调节枝干温度，减少高温和低温对枝干的伤害。

(2)干冠喷水　大树地上部分特别是叶片因蒸腾作用而易失水，应及时喷水保湿。喷水要求细而均匀，喷及地上各个部位和周围空间，为树体提供湿润的小气候环境。移栽后如遇晴天，可用高压水枪对干冠进行喷雾，每天喷水2～3次，一周后，每天喷水1次，连喷15 d即可。对名优和特大树木，可每天早晚各喷水1次，以增湿降温。为防止喷水时造成移植穴土壤含水量过高，应在树盘上覆盖塑料薄膜。若条件允许，可采用自动或半自动喷灌设施，在大树树冠内膛或外缘安装一个或数个喷头进行喷雾。

(3)架设阴棚　大树移植初期或高温干燥季节，要搭设阴棚遮阳，以降低温度，减少树体的水分蒸发。在成行成片种植，密度较大的区域，宜搭设大棚；孤植树宜按株搭设。应在树体的三个方向(留出西北方，便于进行光合作用)和顶部架设阴棚，阴棚上方及四周与树冠保持50 cm左右的距离，既避免阳光直射，又保持棚内的空气流动。为了不影响树木的光合作用，阴棚可采用70%的遮阳网。10月以后天气逐渐转凉，可适时拆除阴棚。实践证明，在条件允许的情况下，搭建阴棚是生长季节移植大树最有效的树体保湿和保活措施。

(4)喷蒸腾抑制剂　蒸腾抑制剂能减少枝叶的蒸腾量，但不能过量或频繁使用，否则蒸腾作用的降温能力受到严重抑制，叶面就会出现日灼伤害。

4. 施肥打药

施肥有利于恢复生长势，大树移植初期，根系吸肥能力弱，宜采用根外追肥，一般15 d左右1次。宜用尿素、磷酸二氢钾等速效肥料制成浓度为0.5%～1.0%的肥液，选早晚或阴天进行叶面喷施，遇雨天应重喷1次。根系萌发后，可进行土壤施肥，要求薄肥勤施，谨防伤根。

移植后的大树因起苗、修剪造成各种伤口，树体抵抗力弱，加之新萌的树叶幼嫩，故易感染病虫害，若不注意防范，很可能导致大树死亡。可用“多菌灵”或“托布津”“敌杀死”等农药混合喷施，病虫联防，在芽萌动期和展叶期及时喷施一次，基本能达到防治的目的。例如春季移栽大桧柏时，一定要在栽后喷药防治双条杉天牛及柏肤小蠹等。

5. 越冬防寒

正常季节移栽的树木要在封冻前浇足浇透封冻水，并及时进行干基培土，培土高度30～50 cm。9—10月份进行干基涂白，涂白高度为1.0～1.2 m。涂白剂配方为：新鲜生石灰5 kg，盐2.5 kg，硫黄粉0.75 kg，油100 mg，水20 kg。立冬前用草绳将树干及大枝缠绕包裹，既保湿又保暖。对新植的雪松等抗寒性较差的大树，移栽当年冬季必须搭设防风障进行防寒保护。遇有冰雪天气，要及时扫除树穴内积雪。特别寒冷时，还可采用覆盖草木灰等办法避寒，针叶树可在树冠喷洒聚乙烯树脂等抗蒸腾剂。

带冻土移栽的树木，移栽后需要用泥炭土、腐殖土或树叶、秸秆以及地膜等对定植穴树盘进行土面保温，早春土壤开始解冻时，再及时将保温材料撤除，以利于土壤解冻，提高地温，促进根系生长。

6. 输液促活

对移栽后的大树采用树体内部给水的输液方法，可解决移栽大树的水分供需矛盾，促其成活。输入的液体既可使植株恢复活力，又可激发树体内原生质的活力，从而促进生根萌芽，提高移栽成活率。

树干输液具体方法如下：

在植株基部用木工钻由上向下呈45°角钻输液孔3～5个，深至髓心。输液孔的数量多少和孔径大小应与树干粗细及输液器插头相匹配，输液孔水平分布均匀，垂直分布交错。输液剂配制应以水为主，同时加入微量植物激素和矿质元素，每升水溶入ABT6号生根粉0.1 g和磷酸二氢钾0.5 g。另外，树干注入型活力素也可用作输液剂。将装有液体的瓶子悬挂在高处，并将树干注射器针头插入输液孔，将安装好的针头插入髓心层或形成层，再用胶布贴严插孔，拉直输液管，打开输液开关，液体即可输入树体。待液体输完后，拔出针头，用消毒后的棉花团塞住输液孔（再次输液时夹出棉塞即可）。输液次数及间隔时间视天气情况（干旱程度、气温高低）和植株需水情况确定。一般在4月份移栽后开始输液，9月份植株完全脱离危险后结束输液，并用波尔多液涂封孔口。

在较大规模苗木移栽和林木害虫防治上，不少地方采用挂瓶输液的方法，园林工人俗称“打吊针”。采用输液法既能解决树木移栽后前期水分短期的供需矛盾，从而促进成活，又能对一些珍贵林木树种常见的蚜虫及钻蛀性害虫进行防治，具有省工、省力、省药、补水、补肥、环保和不受地域限制的许多优点。

（五）屋顶绿化的养护管理

1. 浇水

（1）屋顶绿化应选择滴灌、微喷、渗灌等灌溉系统。

（2）简单式屋顶绿化基质一般比较薄，通过检查基质的湿润情况或直接看植物叶片表现来判断是否缺水，一般3～5 d补充一次水分。

（3）花园式屋顶绿化养护管理除参照城市园林绿化养护管理标准（DB11T 213—2003）外，浇水间隔一般控制在10～15 d。

（4）在条件允许的情况下，应建立屋顶雨水和空调冷凝水的收集回灌系统。

（5）应根据植物种类和季节不同，确定浇水次数和时间。如佛甲草、垂盆草等地被植物，因生长基质较薄，在春季来临之前选择温度较高、日照充足的天气进行适当补水，促进叶芽萌动。

2. 施肥

（1）为防止植物生长过旺造成对建筑物荷载以及养护成本的加大，在日常养护中应当采取控制水、肥的技术减缓植物生长。

（2）屋顶绿化基质中缺乏营养，在植物生长状况较差时，可施硝酸铵、过磷酸钙、硫酸亚铁、磷酸二氢钾等无机肥料解决营养不足的问题。

3. 整形修剪

根据植物生长习性控制其基本形态，剪除多余枝叶。

4. 病虫防治

采用对环境无污染或污染小的防治措施，如生物防治、人工结合化学防治。

5. 防风防寒

根据植物抗风性和耐寒性的不同，可采取搭风障、设防寒罩和包裹树干等措施进行防风防寒处理。

6. 补充轻质培养土

受大风、雨水充沛等自然因素影响，栽培基质会逐渐减少，因此，要随时补添基质材料以达到原设计高度。

三、任务实施

(1)教师根据园林绿化养护管理内容设置若干养护问题。

(2)学生分组讨论并回答问题。

四、学习评价

学习评价标准	分值	教学评价			总评
		小组评价 40%	学生自评 20%	教师评价 40%	
掌握乔灌木、大树移植、草坪的养护管理工作	20				
针对具体园林绿化工程,能进行养护管理工作	30				
自学能力	20				
完成任务态度	20				
出勤情况	10				
小计	100				

五、复习思考

1. 园林绿化养护管理的内容有哪些?
2. 草坪养护应该如何进行病虫防治?
3. 大树移植后应该如何进行树体保湿?

六、总结

重点:(1)乔灌木栽植后的养护管理。

(2)大树移植后的养护管理。

(3)草坪的养护管理。

难点:针对具体园林绿化工程,会进行绿化养护管理工作。

项目三总结

本项目讲述园林工程项目施工管理的相关知识，包括质量、进度、成本、安全控制，合同管理、现场管理等施工管理步骤，以及工程竣工验收、交付使用和园林绿化养护管理等一系列工作，为培养学生园林工程施工管理专业技能及满足社会对园林施工管理岗位技术技能型人才的需要打下良好基础。

技能训练

园林工程项目描述如下，试分析施工过程中的难点、要点、亮点，对质量管理、进度管理、成本管理、安全管理，以及资料管理等方面进行项目分析，阐述管理要点。

1. 工程基本概况

(1)工程名称：泰禾台湖 2＃项目园区景观工程。

(2)工程地点：本工程位于北京市通州区台湖镇。

(3)工期：153 日历天，2015 年 7 月 1 日至 2015 年 11 月 30 日。

2. 施工范围

本工程景观面积约为 31 300 m^2，主要景观包括：车行路及人行路铺装、公租房及洋房、高板区间沥青路、大门及门房、园路广场、入户铺装、景观亭及廊架基础及石材贴面、水景、景观小品、外围墙、小院围墙、绿化种植、景观照明、景观给排水。

3. 质量要求

合格。

4. 施工特点

(1)本工程属于北京泰禾置业有限公司投资开发建设的公租房、洋房、高板区域。建设单位对于产品品质、计划管理、现场环境、安全文明、成本控制要求严格，尤其对施工单位在相对集中的一个时段内，对质量、进度、安全文明、分包商管理、内外部协调方面提出了比较高的要求。

(2)本工程施工场地铺装较多，对施工顺序安排、工作面交接、作业人员能力有很高要求。

(3)本工程场区内有已建小区污水、电力、燃气、自来水管道穿行。

(4)本工程邻近城市主干道和已建小区，周边环境相对复杂。

(5)本工程施工工序繁杂，各专业工种之间在工序上交替穿插频繁。

注：泰禾台湖 2＃项目招标文件、工程承包合同文件、施工图样及工程量清单由教师提供。

附录

附录一　泰禾台湖2#项目施工组织设计(目录部分)

第一章　编制依据

1. 技术文件

2. 相关法规、规范、标准、规程及规定

3. 公司相关制度和管理水平

4. 认证体系相关管理程序

第二章　工程概况及特点

1. 工程基本概况

2. 施工特点

第三章　施工目标

第四章　工程的重点、难点分析及对策

1. 反季节施工及应对措施

2. 工程所需苗源及应对措施

3. 苗木种植及应对措施

4. 交叉施工及应对措施

5. 机械设备的需求、调配措施

第五章　施工组织管理

1. 组织机构的设立

2. 设置六个办事机构

3. 项目部人员配备

4. 会议制度

第六章　工程范围施工总平面布置

施工总平面布置原则及依据

第七章　工期的技术组织措施

1. 工期

2. 施工进度计划

3. 工期目标实现的可行性分析

4. 保证施工进度的措施

5. 资金保证措施

第八章　劳动力安排计划

1. 劳动力安排

2. 劳动力计划
3. 劳动力组织和管理的关键环节
4. 劳动力的管理及保证措施

第九章　工程投入的施工机械设备情况

1. 施工机械准备
2. 施工机械的管理权限
3. 施工机械投入计划
4. 施工机械设备的合理使用
5. 机械设备维修保养制度

第十章　材料管理要求

1. 采购依据
2. 采购流程及验收
3. 材料入库和出库
4. 余料、废料
5. 工程材料进场计划

第十一章　各分部分项工程的主要施工方法

1. 工程测量的施工方法
2. 土方工程的施工方法
3. 绿化种植工程的施工方法
4. 硬质铺装工程的施工方法
5. 给排水工程的施工方法
6. 电气工程的施工方法

第十二章　冬雨季施工方案

1. 冬季施工措施
2. 雨季施工措施

第十三章　工程质量的技术组织措施

1. 质量目标
2. 建立健全的质量保证体系
3. 施工准备过程中的质量保证措施
4. 施工过程中质量保证措施

第十四章　防止质量通病的措施

第十五章　安全生产的技术组织措施

1. 安全生产管理目标
2. 安全保证体系
3. 加强宣传、教育，进行岗前培训制度
4. 安全生产管理措施
5. 安全生产会议制度
6. 施工现场安全技术措施
7. 施工现场安全防护措施

8. 交叉作业的防护措施
9. 临时用电安全措施
10. 料具存放安全措施
11. 施工机械安全措施
12. 消防安全措施
13. 治安保卫措施

第十六章　文明施工的技术组织措施

1. 文明施工的目标和现场管理原则
2. 现场场容管理措施
3. 文明施工管理机构及运行程序
4. 施工人员着装形象
5. 现场机械管理措施
6. 施工现场文明施工措施
7. 现场生活卫生管理措施
8. 防止扰民和民扰措施
9. 材料管理措施

第十七章　与各方的配合与协调

1. 与建设单位的配合与协调
2. 与设计单位的配合与协调
3. 与监理单位的配合与协调
4. 与其他部门的配合与协调

第十八章　夏季施工防护措施

1. 种植材料的选择
2. 夏季施工中苗木的运输、假植及其他特殊措施
3. 种植穴和土球直径
4. 种植前修剪
5. 夏季高温季节种植措施
6. 夏季施工管理措施
7. 夏季绿化施工技术措施

第十九章　成品半成品保证措施

1. 庭院工程
2. 绿化工程
3. 成品保护措施

第二十章　保证技术方案执行的措施

1. 达到效果的方针和目标
2. 施工准备阶段的控制措施
3. 施工过程中的措施
4. 自检措施
5. 养护阶段的控制措施

进度计划表

（封面）

泰禾台湖2#项目园区园林景观工程进度计划（2015年10月至2016年3月）

序号	工作内容	所用天数（天）
	土建进度计划	
一	**沥青道路**	**25**
1	放线、定位、基础开挖	5
2	素土夯实、300厚3:7灰土垫层	6
3	150厚二灰基础	7
4	60厚AC-20中粒层	4
5	30厚AC-10细粒层	3
二	**西侧车行大门**	**46**
1	放线、定位、基础开挖	3
2	基础3:7灰土、C15素砼垫层	3
3	底板钢筋混凝土	4
4	构造柱钢筋绑扎	2
5	砖砌体墙、圈梁绑扎	8
6	支模板、打灰	5
7	顶板钢筋绑扎、支模、打灰	7
8	面层粘贴	14
三	**西侧车行入口地面**	**15**
1	基础放线定位、开挖、夯实	4
2	基础钢筋绑扎	2
3	基础钢筋砼垫层	2
4	面层粘贴	7
四	**东侧车行大门**	**44**
1	基础放线定位、开挖、夯实	4
2	基础3:7灰土、C15素砼垫层	2
3	底板钢筋混凝土	3
4	构造柱钢筋绑扎	3

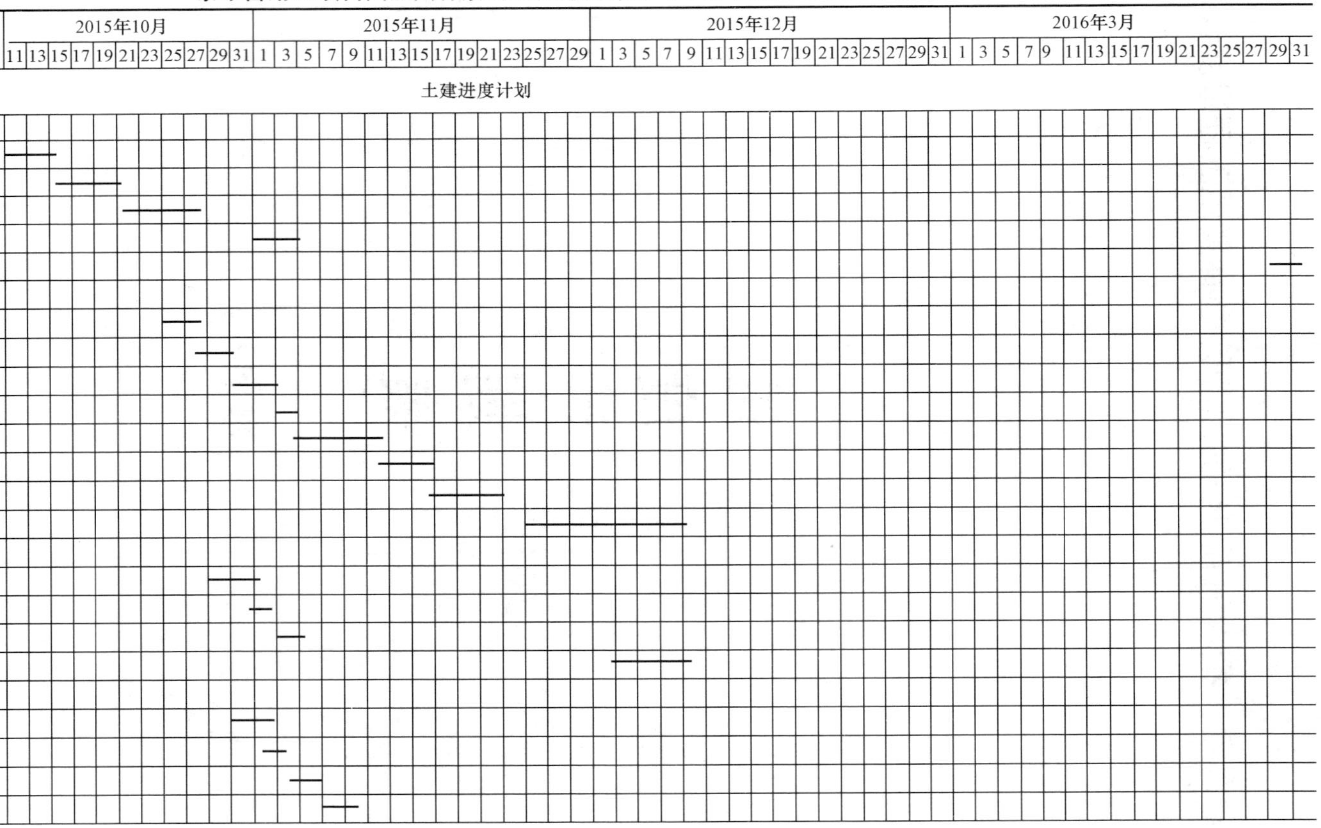

泰禾台湖2#项目园区园林景观工程进度计划（2015年10月至2016年3月）

序号	工作内容	所用天数（天）	2015年10月	2015年11月	2015年12月	2016年3月
			11 13 15 17 19 21 23 25 27 29 31	1 3 5 7 9 11 13 15 17 19 21 23 25 27 29	1 3 5 7 9 11 13 15 17 19 21 23 25 27 29 31	1 3 5 7 9 11 13 15 17 19 21 23 25 27 29 31
5	砖砌体墙、圈梁绑扎	7				
6	构造柱支撑、打砼	5				
7	顶板钢筋绑扎、支模、打灰	7				
8	面层粘贴	14				
五	**东侧车行入口地面**	**14**				
1	基础放线定位、开挖、夯实	3				
2	基础钢筋绑扎、支模、打砼	4				
3	面层粘贴	7				
六	**西侧人行入口大门**	**41**				
1	基础放线定位、开挖	3				
2	基础3:7灰土、C15素砼垫层	2				
3	构造柱钢筋绑扎	3				
4	砖砌体墙素砼压顶	7				
5	构造柱支撑、打砼	5				
6	顶板横梁钢筋绑扎、支模、打砼	7				
7	面层粘贴	14				
七	**叠石流泉**	**23**				
1	基础放线定位、开挖	2				
2	基础3:7灰土、C15素砼垫层	2				
3	120厚砖模砌筑	4				
4	3厚SBS防水	5				
5	钢筋砼保护层	3				
6	面层粘贴	7				
八	**西侧人行路地面铺装**	**9**				
1	基础放线定位、开挖	2				
2	基础3:7灰土、C15素砼垫层	2				
3	面层铺装	5				

泰禾台湖2#项目园区园林景观工程进度计划（2015年10月至2016年3月）

序号	工作内容	所用天数（天）
九	**长虹卧波区水景**	**29**
1	基础放线定位、开挖	2
2	基础3:7灰土、C15素砼垫层	3
3	120砖模砌筑	5
4	3厚SBS防水	3
5	钢筋砼保护层	5
6	面层粘贴	11
十	**长虹卧波区大门**	**38**
1	基础放线定位、开挖	3
2	基础3:7灰土、C15素砼垫层	3
3	柱基础钢筋绑扎、支模	5
4	砖砌体	5
5	过梁、顶板支模钢筋绑扎、打砼	7
6	钢结构立柱、横梁安装	5
7	外饰面	10
十一	**长虹卧波区地面铺装**	**9**
1	基础放线定位、开挖	2
2	基础3:7灰土、C15素砼垫层	2
3	面层粘贴	5
十二	**弈横问杏区亭子**	**19**
1	基础放线定位、开挖	2
2	基础3:7灰土、C15素砼垫层	2
3	柱基础钢筋绑扎、支模打砼	3
4	钢结构立柱、横梁安装	5
5	木结构饰面	7
十三	**弈棋问杏区地面**	**11**
1	基础放线定位、开挖	2

泰禾台湖2#项目园区园林景观工程进度计划（2015年10月至2016年3月）

序号	工作内容	所用天数（天）
2	基础3:7灰土、C15素砼垫层	2
3	面层粘贴	7
十四	**绿肥红瘦区**	**29**
1	景亭基础结构	7
2	地面基础结构	3
3	景亭钢结构安装及饰面	14
4	地面面层粘贴	5
十五	**青梅竹马区**	**11**
1	基础放线定位、开挖	2
2	基础3:7灰土、C15素砼垫层	2
3	面层粘贴	7
十六	**4#楼西侧休息区**	**11**
1	基础放线定位、开挖	2
2	基础3:7灰土、C15素砼垫层	2
3	面层粘贴	7
十七	**幽竹清荫区**	**33**
1	基础放线定位、开挖	2
2	景亭基础结构	7
3	地面铺装基础	3
4	景亭钢结构安装及饰面	14
5	地面铺装	7
十八	**枫亭唱晚区**	**37**
1	基础放线定位、开挖	2
2	廊架基础结构	7
3	地面铺装基础	4
4	廊架钢结构及地面装饰	14
5	地面铺装	10

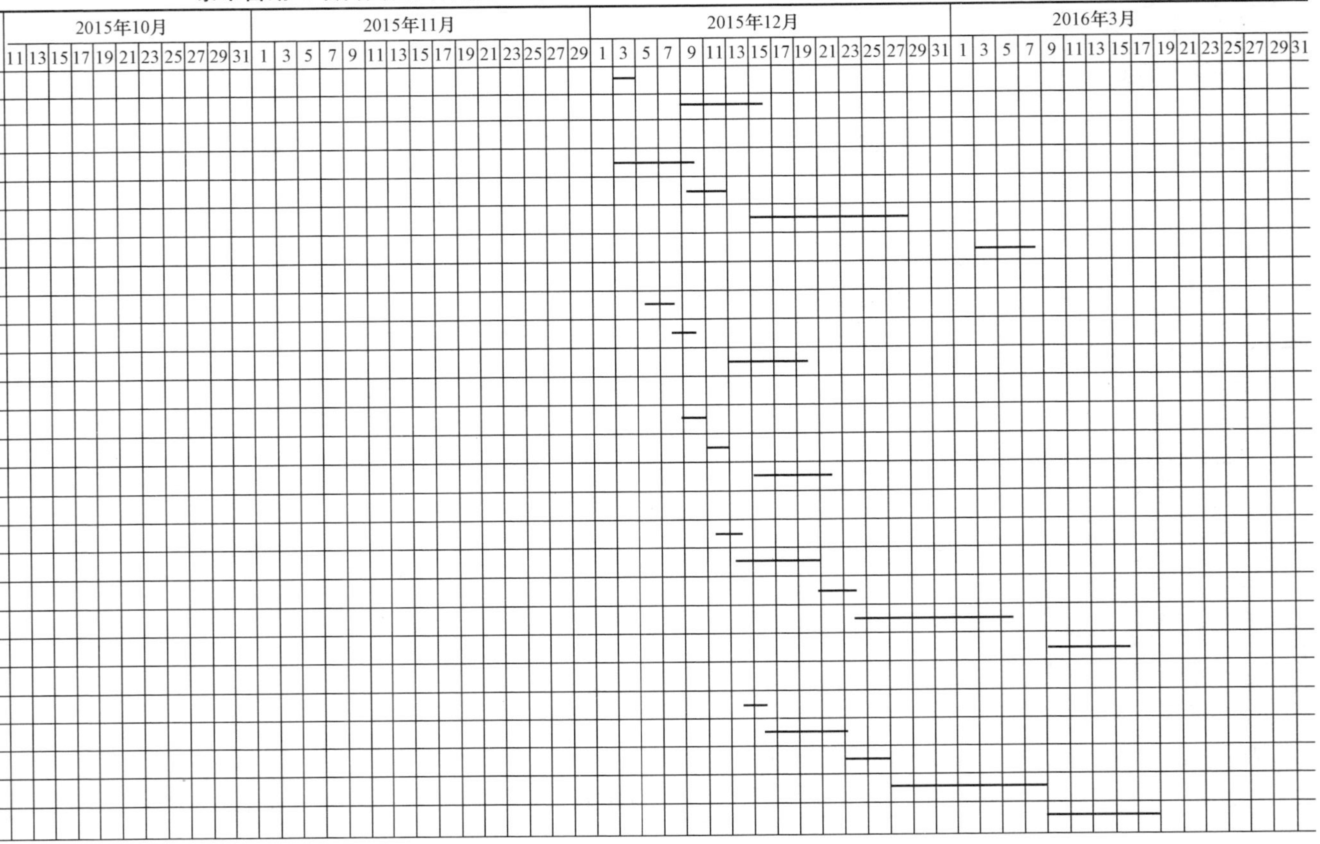

泰禾台湖2#项目园区园林景观工程进度计划（2015年10月至2016年3月）

序号	工作内容	所用天数（天）	2015年10月											2015年11月															2015年12月																2016年3月															
			11	13	15	17	19	21	23	25	27	29	31	1	3	5	7	9	11	13	15	17	19	21	23	25	27	29	1	3	5	7	9	11	13	15	17	19	21	23	25	27	29	31	1	3	5	7	9	11	13	15	17	19	21	23	25	27	29	31
十九	**烟波青黛区**	**26**																																																										
1	水景宫灯基础放线、定位开挖	3																																																										
2	水景基础结构	5																																																										
3	水景防水及保护层	5																																																										
4	地面铺装基础结构	3																																																										
5	水景面层粘贴	5																																																										
6	地面铺装	5																																																										
二十	**洋房区楼间入户铺装及楼间园路**	**46**																																																										
1	基础放线定位、开挖	20																																																										
2	基础3:7灰土	20																																																										
3	钢筋植筋绑扎	20																																																										
4	C15砼垫层	20																																																										
5	面层粘贴	20																																																										
二十一	**林间疏影区**	**13**																																																										
1	基础放线定位、开挖	3																																																										
2	树池结构	3																																																										
3	地面铺装基础结构	2																																																										
4	面层	5																																																										
二十二	**公租房北入口铺装**	**24**																																																										
1	基础放线定位、开挖	6																																																										
2	基础3:7灰土、C15素砼垫层	8																																																										
3	面层粘贴	12																																																										
二十三	**公租房区楼间园路及入户铺装**	**52**																																																										
1	基础放线定位、开挖	20																																																										
2	基础3:7灰土	20																																																										
3	钢筋植筋绑扎	20																																																										
4	C15砼垫层	20																																																										

泰禾台湖2#项目园区园林景观工程进度计划（2015年10月至2016年3月）

序号	工作内容	所用天数（天）
5	面层粘贴	20
二十四	**围墙（分段进行）**	
	北段	**32**
1	基础放线定位、开挖	8
2	基础结构	11
3	墙体结构	8
4	装饰面及铁艺安装	10
	西段	**30**
1	基础放线定位、开挖	6
2	基础结构	8
3	墙体结构	8
4	装饰面及铁艺安装	10
	东段	**29**
1	基础放线定位、开挖	5
2	基础结构	7
3	墙体结构	8
4	装饰面及铁艺安装	10
	南段	**29**
1	基础放线定位、开挖	5
2	基础结构	7
3	墙体结构	7
4	装饰面及铁艺安装	10
二十五	**小院围墙**	**40**
1	放线	6
2	基础开挖	8
3	结构	15
4	面层、铁艺	16

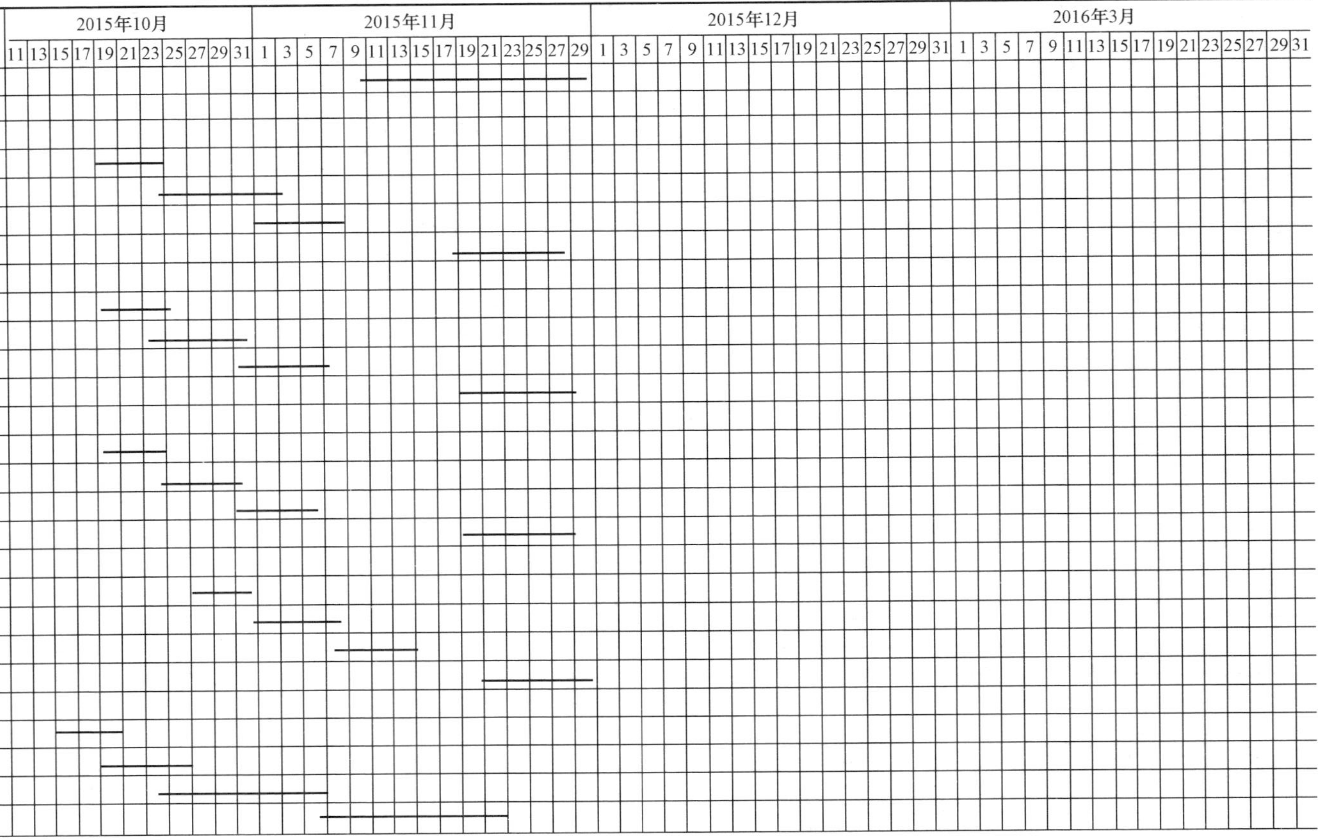

泰禾台湖2#项目园区园林景观工程进度计划（2015年10月至2016年3月）

序号	工作内容	所用天数（天）	2015年10月 / 2015年11月 / 2015年12月 / 2016年3月
			水电进度计划
二十六	**给排水**	**117**	
1	管线沟槽开挖	91	
2	管线敷设	91	
3	打压试水	67	
4	井室砌筑	15	
5	取水器、雨水篦子、井盖安装		
二十七	**电器工程**	**129**	
1	管线沟槽开挖	91	
2	管线敷设	91	
3	灯基础	15	
4	电线拼头、保护	16	
5	手孔井砌筑	22	
6	灯具、配电箱安装	16	
7	调试	6	
			绿化工程
二十八	**绿化工程**	**81**	
1	测量放线	8	
2	地形整理	16	
3	大乔木栽植	32	
4	亚乔栽植	21	
5	花灌木栽植（部分）	36	
6	绿篱、花卉栽植	因季节原因计划2016年4月15日之前完成	
7	草坪		
二十九	**地面清理**		

泰禾台湖2#项目园区园林景观工程进度计划（2016年3月至2016年5月）

序号	工作内容	所用天数（天）	备注
	土建进度计划		
一	**沥青道路**	**10**	
1	素土夯实、300厚3∶7灰土垫层	5	已完成
2	150厚二灰基础	3	已完成
3	路牙石安装	6	前提是主路不再走大型车辆
4	40厚AC-10细粒层	3	入住前完成
二	**西侧车行大门**	**43**	
1	放线、定位	1	
2	基础开挖、打夯	2	需要阻断断西侧现状道路
3	基础钢筋绑扎	2	
4	基础底板	1	
5	基础及墙体结构	15	
6	面层粘贴	15	
7	地面面层	7	
三	**西侧车行入口地面**	**7**	
1	基础放线定位、开挖、夯实	2	
2	基础砼垫层	1	
3	面层粘贴	4	
四	**东侧车行大门**	**33**	
1	柱体、景观墙、岗亭结构	6	已完成
2	顶板结构	7	
3	面层粘贴	15	
4	地面面层	11	需要配合沥青路工期
五	**东侧人行大门**	**32**	需要在3月31日阻断8-10楼之间道路
1	结构主体	15	
2	面层粘贴	10	
3	地面铺装	7	

泰禾台湖2#项目园区园林景观工程进度计划（2016年3月至2016年5月）

序号	工作内容	所用天数（天）	2016年3月					2016年4月																2016年5月															备注
			23	25	27	29	31	1	3	5	7	9	11	13	15	17	19	21	23	25	27	29	30	1	3	5	7	9	11	13	15	17	19	21	23	25	27	30	
六	**西侧人行入口大门**	**26**																																					
1	基础放线定位	1																																					已完成
2	基础开挖及打夯	2																																					已完成
3	基础钢筋绑扎	2																																					已完成
4	基础底板	1																																					已完成
5	主体结构	10																																					已完成
6	面层粘贴	15																																					
7	地面面层	11																																					
七	**叠石流泉**	**19**																																					
1	基础放线定位	1																																					已完成
2	基础开挖、打夯	2																																					已完成
3	基础垫层	1																																					已完成
4	120厚砖模砌筑、抹灰	2																																					已完成
5	钢筋绑扎	3																																					已完成
6	结构	6																																					
7	3厚SBS防水	2																																					
8	面层粘贴	11																																					
八	**西侧人行路地面铺装**	**9**																																					
1	基础放线定位、开挖	2																																					
2	基础3:7灰土、C15素砼垫层	2																																					
3	面层铺装	6																																					
九	**长虹卧波区水景**	**16**																																					
1	防水层	3																																					已完工
2	剩余结构	3																																					
3	面层粘贴	10																																					
十	**长虹卧波区大门**	**28**																																					
1	景墙结构	6																																					已完成

泰禾台湖2#项目园区园林景观工程进度计划（2016年3月至2016年5月）

序号	工作内容	所用天数（天）	2016年3月					2016年4月																2016年5月															备注
			23	25	27	29	31	1	3	5	7	9	11	13	15	17	19	21	23	25	27	29	30	1	3	5	7	9	11	13	15	17	19	21	23	25	27	30	
2	钢结构、木质结构	14																																					
3	面层粘贴	7																																					
4	地面铺装	7																																					需要在4月10日前封闭水池旁边道路
十一	**长虹卧波区地面铺装**	**9**																																					
1	基础放线定位、开挖	2																																					已完成
2	基础3:7灰土、C15素砼垫层	2																																					已完成
3	面层粘贴	7																																					
十二	**弈棋问杏区**	**23**																																					
1	地面垫层	2																																					
2	钢结构、木质结构	11																																					
3	柱底面层粘贴	5																																					
4	地面铺装	5																																					
十三	**绿肥红瘦区**	21																																					
1	钢结构、木质结构	13																																					
2	地面面层	7																																					
十四	**青梅竹马区**	**14**																																					
1	地面垫层	3																																					需要设计抓紧定缩小面积的放线
2	面层铺装	10																																					
十五	**4#楼西侧休息区**	**7**																																					
1	基础放线定位、开挖	2																																					已完成
2	基础3:7灰土、C15素砼垫层	2																																					已完成
3	面层粘贴	7																																					
十六	**幽竹青荫区**	**20**																																					
1	钢结构、木质结构	12																																					
2	地面木地板铺装	7																																					
十七	**枫亭唱晚区地面铺装**	**10**																																					
1	基础放线定位	1																																					已完成

泰禾台湖2#项目园区园林景观工程进度计划（2016年3月至2016年5月）

序号	工作内容	所用天数（天）	2016年3月					2016年4月															2016年5月															备注
			23	25	27	29	31	1	3	5	7	9	11	13	15	17	19	21	23	25	27	29	30	1	3	5	7	9	11	13	15	17	19	21	23	25	27	30	
2	基础开挖整理	2																																				已完成
3	基础垫层	1																																				已完成
4	面层铺装	10																																				
十八	**行云流水水景**	**17**																																				
1	放线、定位	1																																				已完成
2	基础开挖、处理基础垫层	3																																				已完成
3	120砖模砌筑、景墙砌筑	5																																				已完成
4	钢筋绑扎	3																																				已完成
5	结构	3																																				已完成
6	防水层	2																																				
7	面层	15																																				
十九	**水景宫灯水景**	**22**																																				
1	防水层	4																																				已完成
2	剩余结构	7																																				已完成
3	面层粘贴	15																																				
二十	**仙境照壁景墙**	**18**																																				
1	基础放线、定位	1																																				已完成
2	基础开挖、垫层	3																																				已完成
3	墙体结构	7																																				
4	面层粘贴	12																																				
二十一	**对影邀月**	**25**																																				
1	钢结构、木质结构	14																																				
2	柱角面层	3																																				
3	地面面层	8																																				
二十二	**洋房区楼间入户铺装及残坡**	**20**																																				
1	面层粘贴	20																																				需要结构拆改及洋房区大型材料进入在4月10日前完成

泰禾台湖2#项目园区园林景观工程进度计划（2016年3月至2016年5月）

序号	工作内容	所用天数（天）	2016年3月					2016年4月																2016年5月															备注
			23	25	27	29	31	1	3	5	7	9	11	13	15	17	19	21	23	25	27	29	30	1	3	5	7	9	11	13	15	17	19	21	23	25	27	30	
二十三	**14#、15#北侧入户平台残坡**	**28**																																						需要各家管线单位在3月24日前完成所有管线及回填,4月10日前外墙完成吊篮拆除
1	放线、定位	3																																						
2	钢筋绑扎	5																																						
3	基础垫层	2																																						
4	面层粘贴	18																																						
二十四	**洋房区园路**	**25**																																						
1	垫层处理	7																																						需要4月10日前停止进入货车及大型车辆
2	面层粘贴	30																																						
二十五	**林间疏影区**	**26**																																						
1	基础放线定位	1																																						已完成
2	基础处理	4																																						已完成
3	树池基础及结构	5																																						已完成
4	地面垫层	4																																						已完成
5	面层铺装	12																																						
二十六	**公租房区入户平台、残坡**	**18**																																						
1	面层粘贴	18																																						
二十七	**公租房区楼间园路**	**30**																																						
1	基层、垫层处理	7																																						
2	面层粘贴	23																																						
二十八	**围墙（分段进行）**																																							
	北段（公租房北侧大区围墙）	25																																						
1	基础放线定位、开挖	4																																						已完成
2	基础结构	4																																						已完成
3	墙体结构	5																																						已完成
4	面层抹灰及面层涂料	25																																						配合铁艺进度
	西段（高板、洋房区大区围墙）	25																																						

泰禾台湖2#项目园区园林景观工程进度计划（2016年3月至2016年5月）

序号	工作内容	所用天数（天）	2016年3月（23 25 27 29 31）	2016年4月（1 3 5 7 9 11 13 15 17 19 21 23 25 27 29 30）	2016年5月（1 3 5 7 9 11 13 15 17 19 21 23 25 27 30）	备注
1	基础放线定位、开挖	4				已完成
2	基础垫层	1				已完成
3	基础结构及墙体砌筑	7				已完成
4	面层抹灰及面层涂料	25				配合铁艺进度
	南段（洋房区大区围墙）	**34**				
1	基础放线定位、开挖	4				
2	基础垫层	15				
3	基础结构及墙体砌筑	16				
4	面层抹灰及面层涂料	10				配合铁艺进度
	东段（洋房区大区围墙）	**15**				
1	基础放线定位、开挖	4				已完成
2	基础垫层	1				已完成
3	基础结构及墙体砌筑	7				已完成
4	面层抹灰及面层涂料	8				配合铁艺进度
二十九	**小院围墙**	**22**				
1	墙体结构	9				
2	墙体涂料、抹灰	12				配合铁艺进度及采光井配套的进度
三十	**园区散水**	**20**				
	园区散水	20				各家单位需要在4月1日之前出入户完成。试水打压完成，并且不再开挖
	水电进度计划					
三十一	**给排水**	**39**				
1	管线沟槽开挖	15				
2	管线敷设	17				
3	打压试水	16				
4	井室砌筑	8				
5	取水器、雨水篦子、井盖安装	12				

泰禾台湖2#项目园区园林景观工程进度计划（2016年3月至2016年5月）

序号	工作内容	所用天数（天）	备注
三十二	**电器工程**	**50**	
1	管线沟槽开挖	20	
2	管线敷设	15	
3	灯基础	10	
4	电线拼头、保护	6	
5	手孔井砌筑	4	
6	灯具、配电箱安装	14	
7	调试	8	
	绿化工程		
三十三	**绿化工程**	**70**	
1	测量放线		已完成
2	地形整理		已完成
3	大乔木栽植	23	
4	亚乔栽植	14	
5	花灌木栽植（部分）	12	
6	绿篱、花卉栽植	18	根据甲方要求及交房时间调整
7	草坪	30	根据甲方要求及交房时间调整
三十四	**地面清理**	**4**	根据甲方要求及交房时间调整

施
工
合
同

（封面）

发包人:北京泰禾置业有限公司
承包人:
日期:2015 年　　月　　日
签订地点:北京市朝阳区

建设单位：北京泰禾置业有限公司（以下称甲方）

施工单位：　　　　　　　　　　（以下称乙方）

甲、乙双方根据平等互利、诚实信用之原则，依据《中华人民共和国合同法》《建筑安装工程承包合同条例》和《中华人民共和国建筑法》，经过友好协商，就甲方委托乙方承包____________景观工程（以下简称“本工程”）事宜签订本合同，达成如下条款：

第一条　工程概况

1.1　工程名称：

1.2　工程地点：

1.3　主要工作内容：

洋房、高板区。种植土回填及微地形堆筑，园路、广场基础及层面，主入口立柱基础、结构及装饰，东西车行、东西人行入口门卫室基础、结构及装饰，园林小品基础，水系结构及装饰，洋房区与公租房区间围墙、外围墙、小院围墙基础及装饰，景观水电管线，井室施工，景观灯具、水泵安装、景观喷头、取水器等安装，树池、标示、园林配饰（成品桌椅、垃圾桶等）安装，井室高度调整，装饰井盖安装，绿化等图纸范围内全部内容。

公租房区：种植土回填及微地形堆筑，园路基础、垫层及层面，公租房大门入口立柱基础、结构及装饰，树池坐凳基础、垫层及面层，公租房与洋房及高板区间围墙、外围墙基础及装饰，景观水电管线，井室施工，景观灯具、水泵、景观喷头、取水器等安装，树池、井室高度调整，装饰井盖安装，绿化等图纸范围内全部内容。

1.4　界面划分：详细划分内容见附件三。

1.5　承包范围及工程内容：

图纸范围内庭院铺装、道路、水景、小品、电气、给排水、绿化等工程的所有内容。

1.5.1　绿化工程：地形的二次整理，土壤改良、地形处理；乔木、灌木、花卉、草坪等采购、栽植、保活、养护；甲方供苗木种植及养护。

1.5.2　庭院地面铺装：包括场地接收并平整，土方开挖、回填及余土外运，垫层、饰面层的供应及铺贴。

1.5.3　围墙等的基础、结构及饰面层的供应（不含甲分包）及安装。

1.5.4　水景：包括土方的开挖、回填及外运，基础、结构、防水层、饰面层、景石摆放的施工及相应管线和设备的供货与安装。

1.5.5　绿化给排水工程：土方的开挖、回填及外运，管线供应及敷设，快速取水器的供应及安装、试压等。

1.5.6　景观照明：庭院灯、门头壁灯、特色灯柱灯、景观亭吊灯为甲供，其他乙供，乙方负责工程范围内所有景观灯具基础的施工，灯具及配电箱的安装，灯光照明的调试工作，电缆的供货与安装。

1.5.7　其中关于回填土的质量问题，如果园林的围墙、小品、地形、铺装等园林施工的结构没有下沉但其自身的结构肥槽范围内出现下沉的，此部分的责任应由甲方承担。

第二条　合同工期

2.1　一期开、竣工日期：______年____月____日至______年____月____日

2.2　二期开、竣工日期：______年____月____日至______年____月____日

2.3　本工程工期为______个日历天。

2.4　开工日期如有变化，以甲方书面通知为准。

2.5　实际竣工日期为工程经甲方、乙方、监理、设计及相关单位共同验收合格之日，如需行业主管部门验收的，该部门出具验收合格证书或验收合格备案之日为实际竣工日期。

2.6　工期延误

2.6.1　本合同约定的工期，系经乙方充分考虑工程建设施工中可能出现的各种情况后确定的，除以下情况外，工期不予延长：

(1)不可抗力；

(2)设计重大变更，该等变更是指发生在施工关键工序上的设计变更，且将实际影响原排定的工期进度计划；

(3)一周内非乙方原因停水、停电、停气造成停工累计超过 8 小时；

(4)甲方书面同意工期相应顺延的其他情况。

2.6.2　乙方在上述情况发生后 3 天内，就延误的工期以书面形式向甲方提出报告。甲方在收到报告后 5 天内予以确认或提出修改意见，逾期不予确认也不提出修改意见的，视为同意顺延工期。乙方申请顺延工期的，应严格按照上述条款进行签证，未签证的，在工程结算时，不给予工期顺延，甲方无正当理由拒绝签证的除外。

2.6.3　甲方工地现场代表：__________，联系电话：__________；

　　　　乙方工地现场代表：__________，联系电话：__________。

第三条　合同价款及结算方式

3.1　本合同工程暂定价款为__________元(大写人民币：________________)。

3.2　本合同采取如下第 3.2.2 条计价方式。

3.2.1　固定总价计价方式

3.2.1.1　本工程固定总价包含以下内容：工程施工所需的材料费、人工费、机械费、运输费、成品保护费、施工水电费、环境保护费、文明施工费、临时设施费、现场经费、企业管理费、技措费、施工难度增加费、误工及赶工费、包干费、冬雨季施工费、风险费、规费(如果有)、竣工图编制费、利润、税金等完成合同规定工作内容所发生的全部费用。上述合同总价已含乙方为完成本工程所需支出的所有经济费用及相应利润，除发生本合同约定的价款调整情况外，合同价款在竣工结算时不予调整。

3.2.1.2　乙方确认其对工程所在周围环境、地质情况、交通情况、质量标准、工期等情况均已熟悉且已研究明了，考虑了相关风险因素并计算了相关费用，不因合同总价与预算报价存在出入而提出任何异议。

3.2.1.3　合同价款的调整依据：1. 经甲方确认的设计图纸变更；2. 经甲方确认的主材调整。如出现上述合同价格调整的情形，合同价格调整的单价均以附件中确定的固定综合单价为计算依据。

3.2.2　固定综合单价计价方式

3.2.2.1　固定综合单价明细：详见附件二；

3.2.2.2　本工程固定综合单价是包含了为完成合同中所规定完成该项内容所需的材料费、人工费、机械费、运输费、成品保护费、施工水电费、环境保护费、文明施工费、临时设施费、现场经费、企业管理费、技措费、施工难度增加费、误工及赶工费、包干费、冬雨季施工费、冬季防寒费、反季节栽植费、风险费、规费(如果有)、竣工图编制费、利润、税金等完成合同规定工作内容所发生的全部费用，乙方依据甲方所能提供的资料结合乙方本身的技术水平，施工机械及施工经验且满足施工规范及相关技术要求，在进行现场踏勘后已充分考虑了各种因素和风险而确定报出的固定单价。

3.2.3　结算方式

3.2.3.1　软景部分

(1)工程量的计算原则：苗木数量以甲方确认的工程量确认单的合格苗木数量为准。

(2)合同中有价格依据的计价原则：苗木高度、胸径、冠幅及种植密度与合同清单描述一致的以合同固定综合单价为准。

(3)合同中未有价格依据的计价原则：必须有甲方工程师指令要求供应栽植苗木，苗木费根据双方确认的市场价(应为现金购买的运至工地现场的价格，但须经双方协商同意并最终签字盖章确认)计入，栽植费、养护费执行清单中相近规格的苗木栽植及养护费，若清单中没有相近规格的苗木栽植及养护费，则与苗木费同时协商确认，综合取费执行清单中的综合费率。(未按合同清单要求且无甲方工程师指令要求供应栽植的苗木不予结算)。

(4)由于乙方原因如未找到苗木清单要求之相同规格，乙方自行更换的苗木规格不能低于清单要求，只能更换比清单要求规格大的苗木，同时费用不予增加。

(5)甲方供苗木成活率不得低于95%(如有)。甲方供苗木要求挂牌、拍照、登记。养护期满后，甲乙双方负责人统计甲供苗木合格数量，成活率低于规定成活率时，乙方必须负责更换超出成活率的死亡苗木，更换的苗木由甲方确定。如乙方拒不更换，甲方有权按合同中同等苗木价格进行扣款。

(6)因甲方原因新增苗木，在结算时双方协商确定苗木价格，乙方不得由于此原因拒绝施工，影响工期。

3.2.3.2　硬景部分

(1)工程量的计算原则：经甲方确认的竣工图为计算依据，现场实际发生但在竣工图中不能体现的内容，经甲方设计变更审批及签证审批流程后乙方方可施工，并签认工程量确认单，工程量确认单需签到项目部负责人、成本合约部负责人方予认可，工程量以《北京市2001建设工程预算定额》计算规则及消耗量为计算依据。

(2)合同中有价格依据的计价原则：合同中有相同项目的，按合同已有的固定综合单价。

(3)合同中未有价格依据的计价原则：如结算时发生合同外甲方确认的工程内容，合同中有类似工程项目单价的，可以参照合同中类似项目的单价计算确定。合同中没有类似工程项目单价的依据《2001年北京建设工程预算定额》计算规则及损耗量、人工费依据合同单价、材料价依据双方确认的单价、机械台班参照当月造价信息价格，综合费率依据合同清单取费标准。

3.2.3.3　其他

报价价款中已包含国家有关政策变化、造价管理部门公布的价格调整、乙方采购的材料价格的市场变化等所有风险。

3.2.4　暂估价计价方式

计价方式和原则：无。

3.3　本合同工程总价款，不管合同中是否有特别说明，均包括但不限于以下费用：施工场地的临建搭建、搬迁、拆除、场地平整、材料二次搬运、施工技术措施费，合理时限内的临时停水、临时停电导致的误工费，安全措施费，为配合甲方销售所做的工序调整、合同工期内赶工引起的各种材料人工设备损耗及增加费。乙方在合同履行期间不得再以其他任何名义计取其他费用。

3.4 因设计变更、政府行为或甲方要求停工终止合同的，则按双方确认的已完工合格工程量按分部分项工程量清单结算工程款。

3.5 因设计变更、甲方单方面增加工程量或特殊因素(非乙方原因)引起的工程量增减，先参照本合同约定的综合单位结算该部分工程款，如不属于本合同工程确定的综合单价范围的工程内容，双方签订补充协议明确。

3.6 工程结算

3.6.1 工程竣工验收合格后28天内，乙方向甲方递交竣工结算报告及完整结算资料。甲方收到乙方递交的完整结算资料后120日内审定结算总价，双方均同意经甲方确认后的工程结算总价作为双方结算价款的依据。

3.6.2 乙方报价中错漏项目由乙方负责，甲方不再增补费用。

第四条 工程款支付方式

4.1 甲乙双方约定，工程款支付具体采用以下第4.1.2条款付款方式。

4.1.1 一次性支付

乙方完成全部合同内容并经甲方、监理等各方验收合格，甲方向乙方一次性支付本合同价款的______，保修期内每年度经甲方或甲方指定相关单位确认质量无误后15日内支付______%保修款，期满后无息结清余款。

4.1.2 分期支付/按进度支付

(1)无预付款。

(2)每月25日乙方申报完成累计产值，甲方审核累计完成产值后，按审核产值的65%作为进度款；工程全部完工呈报产值并经甲方审核后7个工作日内支付至经甲方审核后累计完成产值的80%。

(3)工程经甲方验收合格办理完结算后7个工作日内，硬景部分支付至结算总价的95%，质保期(两年)满后支付剩余结算价款。软景部分支付至结算总价的80%，验收合格之日起进入养护期(两年)，养护期内乙方按照承担养护义务，则甲方每年支付剩余结算价款的50%。

4.2 结算款支付

4.2.1 工程经竣工验收合格(包括政府部门的法定验收、甲方按合同验收)并移交甲方使用后，经甲方确认工程结算总价，在甲方同乙方就结算价无异议的情况下，甲方向乙方发出结算确认函件，乙方确认结算函件后20天内，甲方向乙方支付至实际应付额，余额作为工程质量保修金在保修期满后的10天内无息支付乙方。

4.2.2 在达到合同的约定甲方付款条件时，乙方应提前10日向甲方发出提示付款的书面通知。若乙方未及时发出书面通知导致甲方逾期支付的，甲方不承担违约责任。

4.3 税务与发票

4.3.1 质保金发票

双方办理完结算手续20个工作日内，甲方支付至合同结算总价款的95%，乙方除应提供相应结算款项的合规发票外，同时还应提供5%质保金的合规发票。

4.3.2　合规发票要求

乙方在取得合同款时应提供符合合同内容的合规发票，发票所示的金额应为当期付款金额、各代扣代缴款项及甲方扣款之和(质保金发票除外)。发票种类及内容不符合要求，甲方有权不支付任何款项且不承担违约责任。同时，乙方应保证合同规定经济业务不得因此而停止。甲方对各代扣代缴款项及甲方扣款，只提供收据，不提供发票。

4.4　付款方式为转账，乙方账户信息如下：

开户行：

开户账号：

开户名称：

若乙方上述账户信息有变更，应在甲方付款前提前3个工作日以上书面通知甲方，否则视同未变更，产生的责任均由乙方自行承担。

第五条　工程质量要求

5.1　双方约定的工程质量等级：合格。

5.2　本工程质量须符合甲方确认的设计图纸、本合同、国家和项目所在地现行质量评定标准和施工技术验收规范及行业主管部门的要求。若相关工程质量标准有关条款规定不完全一致时，以要求严格的为准。

第六条　材料设备

6.1　所有材料由乙方进行采购及供货，但甲方可以指定部分或全部材料的产地、生产厂家、品牌和材质，材料价格按照双方协商确认的价格进行计算。甲方指定的材料并不免除乙方对该材料的质量保障责任。

6.2　乙方采购的材料及成品必须提供经过甲方的批准和双方签字的封样，由甲方、乙方和监理公司各存一份，乙方应当严格遵照甲方的要求及封样标准进行采购供货。

6.3　乙方在签署相应合同的同时将乙方采购材料及到场计划报甲方审批。必要时，甲方可以随时派员同乙方一同进行材料生产加工及发运的监察工作，乙方应当提供必要条件，并承担相应的费用。

6.4　乙方在所供材料到场的同时，须向甲方提供相应材料及成品的产品合格证及品质保证书。

6.5　材料的技术标准(含质量要求)：合格。

6.6　乙方材料运抵甲方工地后，乙方在填报进场报验单并附相关质量证明材料后报监理公司，然后，由甲方和监理联合对到货材料的品质进行验收(根据甲乙双方确认的样品及合同相关规定、要求)。乙方施工过程中，应按照工序，进行分项验收程序向监理公司申请报验，并填写和保存验收记录资料。对于不符合本合同规定的材料，甲方有权选择退货或换货。甲方选择退货的，乙方在2日内将全部到场不合格材料清运出工地现场，若甲方选择换货，乙方应在5个工作日内予以更换。若乙方更换材料超过3个工作日或更换材料二次经验收仍不合格，乙方向甲方支付合同总价5%的违约金，若上述违约金不足以弥补甲方实际损失，乙方应按甲方实际损失予以赔付。由此影响的工期不予顺延。

第七条　双方权利和义务

7.1　甲方权利和义务

7.1.1　对于乙方的违约行为以及其他不利于实现本合同目的的行为，甲方有权责令其限期改正，并依法保留依照本合同采取进一步法律措施的权利。

7.1.2 在乙方无违约情形的前提下，甲方应当按照合同约定支付工程款，并遵照履行本合同项下应当由甲方承担的义务。

7.1.3 向乙方下达进场计划，并组织各相关单位进行进场验收。

7.1.4 为乙方及时办理施工有关变更、洽商等文件的确认。

7.1.5 甲方如中途变更形式、规格、质量或成品保护等方面的要求，应提前通知乙方，不涉及费用增加或经济损失的，乙方须满足甲方的要求；如涉及费用问题，双方应协商解决。

7.1.6 协调处理乙方与总承包单位、监理单位、设计单位及其他相关单位之间的工作关系。

7.2 乙方权利和义务

7.2.1 乙方应遵守国家和项目所在地关于施工所需资质和技术能力的有关规定，并已获得在本地从事施工的资格，有关资料、资质、认证等虽经甲方审查，亦不能因此减免乙方应负的任何责任。

7.2.2 未经甲方事先书面同意，乙方不得将其承包的本工程转包或分包给他人。

7.2.3 乙方应认真审核施工图纸，参加设计交底和图纸会审，了解设计意图。乙方如发现设计不符合工程规范或有任何不合理或不确切之处，应及时通知甲方，提请甲方予以确认。乙方不会因上述问题停止工作或追加费用或影响工期。任何由于上述问题没有及时提出和解决而造成的甲方工程费用和工期损失由乙方承担。

7.2.4 工程开工前，乙方应呈报施工方案及施工进度节点计划给甲方审批，但该等审批不免除乙方的任何责任。乙方应免除甲方任何由于施工方案、施工工艺、方案设计而引发的任何工期、费用的补偿、赔偿责任。

7.2.5 乙方应完全服从甲方关于该项目及其工程的总体规划安排，服从甲方、工程总包方及监理单位的管理。

7.2.6 乙方应遵守甲方、监理、总包有关本工程的施工、材料和设备进出场以及材料和设备的现场存放方面及其他有关现场管理的规章制度。

7.2.7 在施工过程中出现的扰民、民扰以及其他不利于工程的因素，乙方应充分考虑，并采取及时有效的措施保证工程的顺利进行，不得因出现不利于工程的因素而提出延长工期或者增加造价的要求。

7.2.8 遵守政府和有关部门对施工场地交通、施工噪声、施工现场环境卫生和场外污染及安全生产等管理规定并办理有关手续。因乙方责任造成的损失和罚款由乙方承担。

7.2.9 乙方驻工地代表须常驻现场，并按时参加监理例会和现场协调会(不允许代班)。如乙方驻工地代表缺席或迟到监理例会或现场协调会，会上确定的一切事宜视为乙方完全同意，由此给本工程造成的一切损失由乙方赔偿。

7.2.10 甲方有权要求乙方更换甲方认为不能胜任工作或玩忽职守的人员，乙方应在1周内将上述人员撤离现场并补报胜任的人员到岗。

7.2.11 乙方派驻工地人员由其自行管理，工地工人的防护装备、交通运输及食宿由乙方自行解决。由乙方负责办理工地工人的暂住证等相关手续并承担相应费用。

7.2.12 乙方必须保证甲方在中国使用乙方产品、服务及其他任何部分，不受到第三方关于侵犯专利权、商标或工业设计权的指控。任何第三方如果提出侵权指控，乙方须与第三方交涉并承担可能发生的一切费用和法律责任。

7.2.13　在施工过程中应采取一切必要的安全措施，避免造成人员伤亡，因施工而发生的一切安全责任事故均由乙方承担责任及损失。

7.2.14　本合同约定的其他权利和义务。

第八条　工程检验和竣工验收

8.1　现场隐蔽施工应通知监理工程师检查验收做好隐蔽记录，否则不支付相应部分的工程进度款。

8.2　各处表面应做好成品保护直至工程竣工验收且移交完毕。

8.3　工程具备竣工验收条件，乙方按现行国家和本市工程竣工验收有关规定，向总包提供完整的竣工工程资料和竣工验收报告。甲方收到总包和监理公司签认的竣工验收报告后，组织有关部门验收，并在验收完成后5日内给予批准或提出修改意见。乙方按要求修改，并承担由自身原因造成修改的费用。

8.4　竣工验收参照国家、建设部和北京市现行规范、规定的检验项目、试验方法和制定规则进行检验，相应的检验费用由乙方承担。

8.5　工程竣工验收通过，甲方批准竣工验收报告的日期为实际竣工日期。无特殊情况下，若甲方不在约定时间内组织验收，或在约定时间内未提出修改意见，视为验收通过，乙方提交验收申请之日为实际竣工日期。

8.6　本工程竣工验收通过后15日内，乙方应自行拆除施工临时设施，撤退所有施工机械设备并清理场地，修复场内的交通道路，撤离所有施工人员。如逾期仍未撤离完的，每日按合同价款的1%向甲方支付违约金。同时，甲方有权采取强制手段清除现场，且无须征得乙方的许可，为此所发生的费用从未付工程款中扣除，不足部分甲方有权向乙方追偿。

8.7　本工程竣工后严禁"三拖"(拖竣工验收、拖竣工资料、拖工程移交)。否则甲方有权依据监理出具的鉴定结论书，自行组织有关部门验收，并提出修改意见。乙方必须严格按要求整改，并承担整改费用；如乙方拒绝按甲方和监理提出的要求整改，甲方和监理人有权另请他人整改，由此发生的整改费用从未付工程款中扣除，不足部分甲方有权向乙方追偿。乙方放弃工程留置权，当验收通过后具备交付使用条件时，乙方不得因任何原因拒绝移交工程，否则，甲方有权强行使用，由此发生的一切后果，由乙方负责。

第九条　保修服务

9.1　保修期：自工程竣工验收合格之日起硬景2年；软景种植、移植苗木养护期均为2年，种植苗木为施工单位供苗的，成活率要求100%，移植及甲供苗木的要求成活率不得低于95%。

9.2　按照有关法律、法规、规章的管理规定和合同约定，乙方承担本合同约定的所承包施工范围内的工程质量保修责任。

9.3　保修期内出现工程质量问题，乙方应在收到甲方书面通知后24小时内赶到现场，向甲方提交维修方案，办理维修手续，并在甲方要求的合理期限内完成维修和完善工作。如乙方未能在24小时内赶到现场或在甲方要求的合同期限内无法完成保修，必须修复的可经甲方或物业签字后，由甲方安排其他承包方进行维修，所发生的费用凭单据从保修金中扣除。保修金不足以支付前述费用，乙方应在甲方通知之日起3个工作日内将前述费用全额支付给甲方。

9.4 由于其他承包商原因，造成乙方进行返工和维修的，乙方应无条件配合，费用经甲方协调由责任方支付。

第十条 违约责任

10.1 除双方另有约定外，甲方在本合同约定时间内无故拖延付款的，甲方应当就逾期付款金额按照中国人民银行公布的银行同期存款利率支付违约金，但违约金最高不超过合同价款的5%。

10.2 因乙方原因延误工期，工程不能按约定的进度计划实施，每逾期1日，乙方应向甲方支付合同总价款千分之二的违约金，累计计算，甲方有权从未付款中扣除。累计逾期超过30日时，甲方有权解除合同，乙方除应支付逾期违约金外，还应承担合同总价款百分之二十的解约赔偿金。

10.3 乙方工程质量未达到合同约定的标准，甲方有权要求乙方限期整改，整改所发生的费用由乙方自行承担。若因乙方整改导致工作完成时间逾期的，则乙方按前款规定承担违约责任。乙方整改完毕后仍不符合甲方要求的，甲方有权解除合同且要求乙方除逾期违约金外另行承担合同总价款百分之二十的解约赔偿金。

10.4 因乙方发生下列情形，甲方有权要求解除本合同且要求乙方承担合同总价款百分之二十的违约金：

(1)乙方逾期完成本合同约定的任何一个阶段的工作超过30日的；

(2)在竣工之前，没有合理原因，搁置工程的施工；

(3)拒绝执行甲方要求其修补缺陷或更换不适用的材料和/或物品的书面通知；

(4)未经甲方许可，转包或分包本工程。

10.5 施工过程中，甲方或监理公司对乙方记载有违反合同约定或有关施工行业规范的不良记录的，则甲方有权视具体情形每次扣除乙方1 000～10 000元的工程款作为违约金。

10.6 未经甲方书面批准，乙方擅自更换项目经理，则视为乙方违约，甲方有权立即要求乙方恢复原项目经理，同时，甲方有权视具体情形扣除乙方2 000～5 000元的工程款作为违约金。

10.7 由于乙方提供资料不符合竣工资料的验收和归档要求，甲方有权停止和乙方的一切费用结算工作，直至乙方提供符合要求的竣工资料。

10.8 如违约方支付的违约金不足以弥补守约方损失的，守约方有权要求违约方进一步补偿。本合同所称损失包括因违约行为所导致的守约方的实际损失以及可得利益损失，以及守约方为处理违约事件所发生的包括调查、诉讼、律师等法律费用在内的费用和开支。

10.9 自甲方发出要求乙方支付违约金的书面通知之日起7个工作日内，乙方应按照本合同约定向甲方一次性付清违约金。逾期支付的，按照每日应付违约金的1倍加付滞纳金，自逾期支付之日起至乙方向甲方实际付清之日止。若甲方尚有部分合同价款未支付乙方的，甲方有权从该笔费用中先行抵扣相当于违约金和滞纳金数额之款项。违约金和滞纳金不足以弥补甲方所遭受损失的，甲方有权继续向乙方追偿。本款适用于所有乙方应向甲方支付违约金的情形。

第十一条　合同的变更和解除

11.1　如有以下情况之一发生，甲方有权书面通知乙方解除合同，并要求乙方支付合同价款20%的违约金，通知自送达乙方或现场项目经理部后生效，若上述违约金不足以弥补甲方实际损失，乙方应按甲方实际损失予以赔付：

11.1.1　乙方在施工过程中擅自停工、窝工或因其他乙方之原因致使合同约定的工期根本无法达到的或已逾期完工超过20日的。

11.1.2　乙方在施工过程中，工程质量达不到约定标准，经甲方、监理要求整改却无正当理由拒绝整改的或逾期整改超过20日的。

11.1.3　乙方擅自转包、分包工程。

11.1.4　其他法律规定的或本合同约定的可解约情形。

11.2　合同解除后，按已完成合格工程量计算结算工程款。

11.3　合同解除后，乙方应于接到发包人通知后15日内退出工程现场。

第十二条　通知与送达

12.1　以本合同为目的或与之相关的任何通知均应以亲自递交、邮递、特快专递或传真发至文首列明的联系地址和/或联系方式，否则不发生效力。如果拟接受通知的合同一方的联系地址和/或联系方式发生变更，则其应在发生变更情况之日起1日内以书面形式通知另一方。

12.2　通知被视为送达的日期应按如下方法决定：

A. 专人递交的通知在专人递交之时视为有效送达；

B. 以（预付邮资）的挂号信件发出的通知，应在寄出日（以邮戳为准）后第7日视为有效送达；

C. 以快递发送的通知应于交予合法的快递服务发送后第3日视为有效送达；

D. 以图文传真发出的通知，在传送日后第1个工作日视为有效送达。

第十三条　争议解决方式

双方因履行本合同（包括但不限于有关本合同的生效、解释、履行、修改和终止）有关的一切争议、纠纷或索赔均应当首先通过友好协商解决。如果协商不成的，任何一方有权向甲方住所地有管辖权的人民法院提起诉讼。

第十四条　生效及文本

14.1　本合同经甲乙双方签字盖章之日起生效。

14.2　本合同一式七份，甲方执四份，乙方执三份，均具有同等效力。

本合同附件（附件正文略）：

附件一：合同清单

附件二：施工技术要求

附件三：甲供苗管理办法

附件四：分期施工内容划分

附件五：施工合同图纸

附件六：工程结算上报资料指引

以下无正文

甲方:北京泰禾置业有限公司

法定代表人:
(或委托代理人)
联系地址:北京市朝阳区建国路 118 号
招商局大厦 30 层
邮政编码:100022
联系电话:65660225
传真:65660227

乙方:

法定代表人:
(或委托代理人)
联系地址:

邮政编码:
联系电话:
传真:

附录四　碧海怡景园林施工质量标准

第一章　硬质景观施工质量标准

一、铺装工艺的要求

1. 各种面层所用板块的品种、质量必须符合设计及相关规范要求。

2. 石材铺装要样板先行，大面积铺装严格按照样板的铺装质量。

3. 减少现场石材切割量，安排专人负责石材排版与加工，要求每一块加工好的石材都符合要求，水景池壁、方形树池压顶转角 L 加工，减少石材切割中产生的粉尘，现场做到无污染。

4. 花岗岩及砖类按颜色和花型分类，有裂缝、掉角和表面上有缺陷的板块应剔除，标号、品种不同的板块不得混杂使用。

5. 拨缝、修整：将已铺好的砖块，拉线修整拨缝，将缝找直，将砖拍实，如有坏砖及时更换。沿铺装纵、横两个方向排好尺寸，缝宽以不大于 5 mm 为宜，当尺寸不足整块砖或花岗岩的倍数时可裁割半块用于边角处，尺寸相差较小时，根据已确定后的砖数和缝宽，可调整缝隙。

二、花岗岩铺装质量要求

不允许出现接缝不平，高低差过大，花岗岩松动的现象。处理好基层，使用 1∶3 的干性水泥砂浆(砂子必须采用中砂 0.25～0.5 mm 或粗砂 0.5～1 mm)。

三、园林土方

1. 由总包单位负责回填土方，移交我方工作面时监督总包是否把土方回填到位，及时提醒甲方人员做好质量把控工作。

2. 土方工程技术环节，预防基础沉降。基础沉降多数原因是土层密实处理不当，导致结构下沉、结构断裂。这是各种质量问题中的硬伤，处理起来难度相对较大，前期一定要引起高度关注。

预防基础沉降方法：

a. 审图环节严格把关，遇到特殊情况，必须向甲方报专项施工方案选用图纸规定或符合规范要求的适用填料，采用机械化作业方式分段施工，分层填筑，分层碾压，分段成型。当基底出现局部软弱土层如松土、被扰动土等现象时，用好土、灰土，甚至石粉及石粉碎石换土分层夯实。

b. 路基填筑，采用水平分层填筑法，土方挖运采用挖掘机配自卸车挖运，推土机、平地机整平，压路机碾压成型。对于回填土方，不能用淤泥土、淤泥质土及有机物含量大于8%的土，含水量合适(含水量衡量标准：一般以手握成团，落地开花为适宜)，含水量过大则夯实成橡皮土，过小则夯压不实。

四、道路铺装

1. 铺装结合层。

a. 任何形式的铺装，结合层严格地控制在 2～3 cm；

b. 铺装收边侧面与绿地交接处必须是垂直面，不能出现八角形式的护边，并保证草坪比铺装面低 2 cm。

2. 常规花岗岩、水泥砖铺装。

a. 铺装进行之前对铺装模式和尺寸规格提前排版，保证铺装收边的最佳效果；

b. 花岗岩铺装采用密缝处理，铺装平整，严格控制石材的尺寸和边线的齐整度，要求表面平整度（2 m 直尺检查）允许偏差 3 mm 以内；

c. 对缝涉及曲线段时要保证拼缝方向与行走方向一致，放线起点射线定位准确，曲线段处使用弧形板过渡。

3. 在面层板材落定之前，需要在中粗砂上进行预铺，用以控制对缝、排版等细节。

4. 不同铺装形式、材质衔接时应切割整齐，搭配协调。

5. 碎拼铺装。青石板、黄石板、花岗岩碎拼要求如下。

a. 缝宽：8～10 mm，勾凹缝处理，勾缝面高度均匀，勾缝低于板面 5 mm。

b. 大小搭配均匀，每块板至少五边，最短边不小于 150 mm；不允许出现平行纹（通缝）、直角纹及内角现象，禁止出现四条以上边缝汇集一个交点。

6. 花样铺装注意铺装缝的流线美，放线均匀，块料对接角度一致，平整度一致，圆形、弧形、曲线铺装边缘接缝圆滑，无污染。

7. 水洗石要求：水洗石石子大小均匀（5～8 mm），必须过筛。严格控制配合比，注重色彩搭配，配色比例适中，颗粒饱满且平整，大小均匀，刷封闭剂 2 遍；4～5 m 设置分割带，防止面层断裂，分割带采用玻璃条或铜条；拌石子时掺与石粒同色色粉。

8. 石子路铺装要求：卵石、雨花石立贴铺设，砂浆饱满。突出砂浆 2～3 mm。

9. 汀步要求：注重汀步与草之间的关系，石材与种植土间高差为 20～30 mm。汀步与草先接触的部位杜绝影响草生长的现象，使其达到掩映在草丛中的效果。

10. 铺装转角处理要求：路面拐角处不宜做成 90°，有以下两种处理形式：

a. 做成圆角，满足人的行走习惯；

b. 设置障碍物，包括放置景石、种植灌木等。

11. 路缘石铺装要求：

a. 花岗岩道牙做密缝处理，混凝土路缘石做 8～10 mm 勾缝处理。

b. 提前做好排版，保证尺寸完全统一。

c. 路缘石规格统一，转角处采用异形路缘石，局部大小不小于 1/2 整块路缘石。

d. 路缘石拐角处理方式：斜切处理、对接处理、弧形处理、特殊处理。

12. 木质平台要求：

a. 木质平台采用不锈钢圆头螺钉固定时，螺丝钉眼直径及孔深平面上保持一致并在一条直线上；

b. 地板缝隙宽度一致，表面平整（2 m 直尺检查），允许偏差 3 mm 以内；

c. 防腐木施工后表面刷木蜡油 3 遍，防腐木每隔一年刷 1 遍，工程移交前必须重新刷 1 遍，保证木制平台景观效果。

13. 台阶铺装要求：

a. 踏面表面要防滑，向前有 1% 倾斜度以利于排水；

b. 踏面在高度和纵宽上必须保持一致，在上下台阶时应有一种节奏感，使行人觉得舒适和安全；

c. 踏面突边做磨边处理，外缘倒圆角；

d. 楼梯踏步或平面铺装撞至立面时采用打胶的方式进行对接缝处的处理，尤其在立面材料是涂料或文化砖时，打胶可以解决收口不齐，污染踏步石材的问题；

e. 采用整石解决地形高差，与置石相结合要自然舒适；

f. 楼梯扶手的放坡和踏步的放坡坡度必须保持一致；

g. 多层踏步转角的拼缝必须保持上下一致；

h. 台阶踏面与柱、转角面交接自然。

五、景墙、梁柱压顶及外饰面

1. 景墙、柱压顶：

a. 有造型压顶需整体订购，避免直接用两块板材拼接。弧形墙压顶处石材要满足弧度要求；

b. 景墙压顶在拼接时要求所有单块压顶石材尺寸一致，在拼接时保证脊线的挺直和边界线的顺直，同时保证每块石材压顶标高的一致；

c. 火山岩或文化石单层或双层压顶之间的缝隙要上下垂直。

2. 景墙、梁柱外饰面：

a. 侧面石材粘贴强度要保证安全，采取湿挂；仰贴石材务必干挂。

b. 景墙外立面效果要求花岗岩贴面平整，注意石材加工的精度及色差的控制，石材间不做任何的勾缝处理。

c. 文化石、蘑菇石等凹凸不平的材料注意选材，与涂料面层相交时可增加一条线条，将两种不同的材质在线条两侧阴角里进行收口处理。

3. 梁柱角拼接形式：

a. 直接拼接：主要针对表面为自然面凹凸比较大的石材；

b. 海棠角：花岗岩石材需对边角进行 45°磨角进行拼接；

c. 采用成品转角砖：适用于仿古面砖和文化砖，效果好，省时、省工、安全。

4. 景墙、梁柱墙面雕花要求：雕花石材粘贴时花纹与花纹之间必须要吻合，衔接一致。

六、圆形树池压顶要求

1. 压顶按照半径下料，做到和地面弧形石材衔接；

2. 对于圆形和椭圆规则弧形，压顶石材统一加工，石材拼接需按圆周长均分，且所有拼缝需指向内圆心。

七、水景

1. 为防止漏水和沉降，水景池底建议采用硬质池底，双层双向钢筋砼基础。水池体量小可做外防水，体量大的水池要做内防水以便于后期修复及使用。防水材料的选择建议采用双层 3＋3SBS 防水卷材。

2. 水池防水施工完成后必须做闭水试验。将水池注水至设计水位，充满水三昼夜后，测定水的一昼夜的减水量，渗水量按设计 24 h 不超过 1.2‰(除去蒸发量)。

3. 水池泵坑装饰面处理方式：

a. 池底为花岗岩贴面采用花岗岩打孔篦子；

b. 采用成品不锈钢篦子上面摆放雨花石。

4. 水景驳岸的处理要求：驳岸边与绿地收口，草坪低于岸边 5 cm，防止雨季泥水冲入池内。

5. 水景跌水处注意找平，保证水幕跌水效果。

6. 驳岸边亲水平台钢筋砼柱的装饰。

7. 水池饰面

a. 马赛克贴面：按设计规定品种、规格、花色排好图案铺贴，铺贴必须使用马赛克专用粘贴粉、填缝剂进行铺设和填缝。严格控制曲面和转角处马赛克的垂直与水平控制线。

b. 卵石镶嵌：施工前须选好大小均匀、颜色美观、外形规整的卵石防止卵石剥落，水泥砂浆采用 1∶1，水泥砂浆层高度为完成面高度的 2/3，将卵石大头朝下立镶嵌，效果最佳。

八、景观亭、廊架柱脚处理

景观亭、廊架柱脚的处理：整块花岗岩石材套割吻合，边缘整齐。

九、铁艺装饰

整体热镀锌，锌膜不小于 60 μm 厚，表面油漆采用“防锈漆”，底漆、中间漆、面漆干膜总厚度不小于 150 μm。焊接点位置要在现场做防锈处理，当栏杆、柱体等延伸进入墙体及地面时，在接口部位必须处理仔细，防止焊接污染其他完成部位。

十、成品保护

园路铺装完成后应做到及时覆盖，应用有效的保护材料（如彩条布、塑料薄膜、沙等）进行及时遮盖，加强成品保护意识。

第二章　软质景观施工质量标准

一、种植土

1. 种植土质量要求：无石块和其他不利于植物生长的物质（如木材、建筑垃圾、装饰材料垃圾及塑料袋等）。

2. 改良种植土要求：

a. 过筛：对地表 30 cm 土进行过筛处理，将直径 2 cm 以上的土壤颗粒、石块和杂物去掉；如遇重黏土、沙砾土以及岩渣砖石等无法过筛的，应采用局部换填的方式，更换肥沃土壤。

b. 对不能满足种植的土壤，使用草炭土均匀加入土壤中，以满足植物对土壤肥力的需求，对土壤的酸碱度起到综合调节作用，达到理想植物生长环境。

二、地形塑造要求

地形放线、标高与图纸定位相吻合。结合场地排水及土方开挖回填施工后采取地形细部整理，保证地形线条优美流畅。

三、苗木栽植

1. 选苗要求

形态良好，长势强健，无病虫害，无严重的机械损伤，符合设计及甲方要求，使用我司或当地苗圃苗（熟苗）。

2. 编号定向

一般是和甲方一起号苗，重要区域苗木专苗专位，进行编号，拍照片。

3. 提前断根

将大树进行支撑后，在大树的四面或三面进行断根处理，挖深不超过起坨高度的1/2，断根后浇水回填，视工期情况，距二次起坨的时间较长为好。

4. 土球包装

(1)一般采用草片和麻绳双层打包。

(2)土球大于2.3 m或土质疏松的大型乔木，需用箱板包装。箱板包装的流程：土方开挖修正土球→安装箱板→吊装→成活状态。

5. 吊装要求

a. 斜吊倾斜45°角(适用于土球直径大于2 m的苗木)；

b. 直立兜土球底法吊装(适用于直径60～150 cm的土球，底部最好垫木板)。

6. 装车运输

苗木在运输装车前，土球向前，树冠朝后，土球盖上湿草袋或苫布遮盖加以保护，落叶乔木树冠应围拢，树干要包装保护。

装车时用粗麻绳捆绑，土球用木板等物卡紧，不能滚动。在车厢尾部安放支架，垫上软物(蒲包、草袋)用以支撑树干。

7. 苗木进场

检查苗木土球、树形是否达到施工质量标准，树皮、枝条是否有损伤，不合格苗木杜绝进场。

8. 苗木栽植

乔木栽植中种植土球随后拆包取出包装物。如有土球松软当时不能拆除的，栽植后短期内逐步拆除。种植深浅合适，与原土痕平。种植时选好主要观赏面方向，并照顾朝阳面。

9. 透水透气措施

土质如为黏性土，透气性差的必须加3～4支透气管。此措施除透水透气作用外，还可用以给树坨底部输送营养液。

10. 苗木支撑

根据项目现场具体的情况、苗木规格大小及甲方要求，制订合适的支撑方式：

a. 一般地径8 cm以下用横杆式支撑。

b. 一般胸径18 cm以内的采用三角支撑，要求高度、角度保持一致，稳固。

c. 四角支撑，绑扎树木处增加垫物，不能磨损树干。丛生大树需采用脚手架管或多点支撑。

d. 树阵式和行道树栽植使用四角支撑，同规格苗木支撑用同种支撑方法，要求支撑高度、角度和路的距离保持一致，整齐、美观。

e.“网状”支撑。

f. 竹子支撑。

11. 开堰

浇水前应先开堰，土球树开圆堰，土堰内径与坑沿相同，堰高20～30 cm，开堰时注意不应过深，以免挖坏树根或土球。

12. 浇水

第一遍水要慢灌，使土下沉，栽植后一周内完成第二遍水，此两遍水的水量要足，两周内完成第三遍水。每次浇水后注意整堰，填土堵漏。

13. 树穴的处理

a. 铺设草坪同时要对树穴部位进行细部处理，树穴以树干为中心画出正圆，用刀制工具修整出整齐圆滑的边线。

b. 树穴处理不得影响树木的正常生长，并与整体环境相协调。依据甲方要求，如需摆放树皮，要摆成美观、漂亮鱼鳞状。或采用木桩、瓦片收边，中间散置碎石。

14. 苗木的修剪要求

a. 落叶乔木的修剪：移植树木会损伤树根，为使新树苗迅速成活，减少病虫害，恢复树势等，必须对地上部分适当剪去一些。反季节移栽时应加大修剪量。将劈裂根、病虫根、过长根剪除后，再对树冠进行修剪，保证地上部分与地下部分的平衡。修剪应做到剪口平滑、不劈裂。修剪后应注意及时封住伤口，截口必须削平，并涂上防腐剂。对于 10 cm 以上的大伤口，应保证其平整光滑，并在消毒后涂保护剂。

b. 球类的修剪：圆润丰满。

c. 绿篱修剪：修剪绿篱及色带轮廓清楚，线条整齐，顶面平整，高度一致，侧面上下垂直或上窄下宽。

四、草坪铺设要求

1. 草块与地面紧密连接，无缝密铺，横铺或竖铺，不能两种方法混铺。铺设后及时浇水养护，特别是高温季节，一定随铺随浇水，而且必须浇透，之后再用碾子碾压 1～2 遍。

2. 草坪边缘低于铺装 2 cm，如有鼓起应及时压实并随时检查，保证铺平。步行无明显凹陷及积水，修剪高度保持在 5～6 cm。

五、反季节施工

夏季高温，乔木移栽后须喷防蒸腾剂防止蒸发，乔灌木如需搭防晒网的，用木杆或钢管搭成井字架，在井字架上盖上遮阳网，阴棚上方及四周与树冠保持约 50 cm 距离，以便空气流通，防止树冠日灼危害。为不影响树木光合作用，阴棚采用 70%的遮阳网。

六、养护管理

苗木移植后第一年是成活的关键。应针对不同品种制定具体养护措施，建立专项养护款，设立专人，进行养护管理，并制定全年养护计划。

月份	气温	养护措施
1	全年中气温最低，树木处于休眠状态	1. 修剪：对落叶树木全面有针对性展开整形修剪作业，对枯枝、伤残枝、病残枝及妨碍架空线和建筑物的枝杈进行修剪(部分树木如银杏、合欢、樱花等伤口不易愈合，修剪要慎重)，及时对绿地上的落叶进行清扫工作，保持绿地清洁，预防发生火灾； 2. 绿地养护：检查树木的防寒情况，对损坏的防寒设施进行修补，在条件许可的情况下，可选择气温较高的某天中午浇灌一次防冻水，缓解冬季干旱对树木造成的危害，特别是对草坪和灌木类树种。
2	气温较上月有所上升，树木仍处于休眠状态	1. 做好春季绿化准备工作，编制苗木种植、补种计划及工具、机械、农药购置计划； 2. 落实绿化工作人员。

续表

月份	气温	养护措施
3	气温继续上升，部分花灌木开始发芽，草坪开始返青	1. 植树：抓紧时间做好花灌木的种植、补植，要做到随挖随种随浇水，确保成活率； 2. 春灌：草坪与树木均开始返青，需水量增加，选在天气好、气温较高的时间，对绿地浇 1～2 次水； 3. 检查及修整：全面检查草坪土壤平整状况，对不平整部位可适当添加种植土和细沙进行平整，修整华池、树耳，做到华池、树耳轮廓清晰、整齐、美观； 4. 施肥及拆除防寒设施：下旬对草坪追施氮肥一次，花卉可施复合肥，中下旬逐步拆除防寒设施。
4	气温继续回升，树木均萌芽开花展叶，开始进入生长旺盛期	1. 继续种树及补植：4 月上旬抓紧时间种植萌芽晚的树木，对死亡树木及时拔除补种，对新种的树木充分浇水，落叶树木应在发芽前，常绿树应在 4 月中旬以前完成种植及补植； 2. 灌水：对各种树木及草坪及时浇水，草坪浇水次数应在 2～3 次。对移植和新补植的树木和草坪加大肥、水管理； 3. 施肥：对草坪、灌木结合灌水追施速效氮肥，或根据需要进行叶面喷施； 4. 修剪：剪除冬春干枯的枝条，修剪常绿绿篱； 5. 防治病虫害：此时是蚜虫的初发期，花灌木生长期内均有发生，防治蚜虫可采用低毒广谱类杀虫剂，如溴氰菊酯、菊杀乳油、辛硫磷等药物，防治蚜虫工作应持续到 9 月份，蜕壳虫在第二次蜕变后陆续转移到树皮裂缝、树洞、树干基部等处分泌白色蜡质薄茧化蛹，可用竹扫把扫除，然后集中深埋或浸泡，或用杀螟松等农药防治； 6. 绿地内的养护：注意大型绿地内的杂草及攀缘植物的挑除，对草皮进行挑草和切边工作； 7. 草花：为了迎接五一，做好替换冬季草花，注意做好浇水工作。
5	气温急骤上升，树木迅速生长	1. 浇水：树木展叶盛期，需水量大，应适时浇水； 2. 修剪：对观花灌木进行花后修剪，剪除残花，如连翘、榆叶梅、碧桃等，对其他树木可进行修剪主要是徒长枝的修剪。新植树木及时剥芽。草坪修剪 10 天左右修剪一次，修剪高度控制在 5～8 cm 为宜，遵守修剪 1/3 的原则。剪草前应先清理草坪，清除草坪中的树枝、石块等杂物，剪下的草屑及时清理，保持草坪的清洁、整齐； 3. 防治病虫害：除了防治蚜虫外，此时草坪易发生叶斑病、白粉病和锈病，此类病害是由真菌、病毒引起，有很强的传染性，且危害性极大，可造成草坪大面积死亡，在 5～9 月期间均有发生，要给予充分重视，早发现早防治，有条件单位每隔 10 天左右可喷洒一次多菌灵及粉锈宁预防病虫害的发生； 4. 补植或播种：对损坏严重的草坪进行补植或播种。

续表

月份	气温	养护措施
6	气温高，带有大暴雨	1. 浇水：植物需水量大，要及时浇水。浇水次数 4～5 次，浇水应避开高温时间，尽量早晚浇灌，禁忌地表积水； 2. 施肥：此时进入高温季节，结合松土除草，多施磷、钾肥，少量施用氮肥，施肥量控制在 1 kg/100 m^2 左右，施肥浇水，以到达最好的效果； 3. 修剪：对草坪修剪定期进行，一般修剪 3～4 次； 4. 防治病虫害：6 月中下旬，刺蛾进入孵化盛期，应及时采取措施，现基本采用杀螟松乳剂 500～800 倍液喷洒，继续对天牛进行人工捕捉，同时木本花卉出现的白粉病，青桐木虱等要及时防治； 5. 做好绿地的排水防涝的准备工作，对松动、倾斜的树木进行扶正，加固及重新绑扎； 6. 及时清除杂草。
7	气温较高、湿度大、多暴风雨	1. 移植：雨季期间，水分充足，可以移植针叶树和竹类，但要注意天气变化，一旦碰到高温要及时浇水； 2. 检查及排涝：大雨过后要及时排除绿地内的积水，容易发生树木倒歪等危险情况，各管理人员应及时派人检查，发现险情及时处理； 3. 除草：本月雨水充沛，杂草生长旺盛，要对绿地内杂草及时清除（除草剂危害较大，不提倡使用，以人工铲除为主）； 4. 施追肥：在下雨前干施氮肥等速效肥； 5. 防治病虫害：草易发生白粉病、锈病、褐斑病，病虫害发生频率高，要经常喷药进行预防工作。
8	气温较高，常有大暴雨	1. 修剪：草坪修剪 3～4 次； 2. 浇水：绿地浇水根据天气情况适当安排； 3. 检查及排涝：大雨过后要及时排除绿地内的积水； 4. 除草及防治病虫害：及时有效地防除各类杂草，养护工作主要以控制病虫害为主，及时有效地对其防治，对每次病虫害的特征和使用药物效果认真记录，以便总结经验； 5. 下旬可继续对损坏的草坪进行播种（8 月中旬至 9 月上旬草坪播种最佳季节）。
9	气温下降，迎国庆做好相关的工作	1. 修剪：结合整形对树木进行秋季修剪，主要剪除春、夏生长的徒长枝、干枯枝杈。绿篱造型修剪。对草坪修剪 3～4 次，绿地内除草，草坪切边。及时清理死亡树，枯枝病残枝，做到树木青枝绿叶，绿地干净整齐； 2. 施肥：对长势较弱的，枝条不够充实的树木，应追施磷钾肥； 3. 浇水：绿地浇水根据天气情况适当安排，一般灌水 3～4 次； 4. 草花：迎国庆，草花更换，选择颜色鲜艳的草花品种，注意浇水要充足； 5. 防治病虫害：本月气温开始下降，是冷季型草坪的最佳生长期，也是地下害虫危害较严重的时期，对地下害虫的防治不能放松。穿孔病为发病高峰期，采用多菌灵防治侵染。天牛开始转向根部危害，注意根部天牛的捕捉。同时也要注意螟虫类的害虫防治。

续表

月份	气温	养护措施
10	气温开始下降，下旬进入初冬，有些树木开始落叶，陆续进入休眠	1. 修剪及清理：对草坪修剪1～2次，留草高度适当提高，利于草坪的安全越冬，对枯死的草坪病斑及时清理，对草坪中出现的空隙地进行补植，草坪的播种应于上旬完成全部； 2. 浇水：绿地灌水1～2次； 3. 施肥：追施磷肥、钾肥，促进树木和草坪的越冬能力，延长绿色期； 4. 病虫害的防治：对越冬的虫害进行防治，特别是树木虫害和地下虫害。
11	土壤开始夜冻日化，进入隆冬季节。乔木、花灌木开始落叶，进入休眠期	1. 浇水及清理：大多数植物生长缓慢，逐渐进入休眠状态，部分树木和草坪出现枯黄现象，主要是清扫地表的树木落叶，对草坪的枯草层进行清理，下旬清理后应该浇冻水一次，特别是补植或补播的新建草坪； 2. 施肥：对局部呈绿色的草坪、常绿树种及部分未落叶的落叶树种可轻施磷钾肥和水分供应，以使得绿色期更长； 3. 防寒：对新植或需防寒的植物树种做好防寒设施的工作，确保植物顺利越冬。如：新植丝兰、樱花、泡桐、悬铃木、水杉、雪松、玉兰等都要进行防寒。每年需要防寒的树种有竹类、雪松、黄杨等。
12	气温较低，开始冬季养护工作	1. 冬季修剪及清除：对乔木、灌木进行修剪，清除树木落叶，防止过度践踏草坪； 2. 浇水：天暖时可对草坪进行一次浇水，为草坪完全越冬提供充分保障，并有利于春季草坪返青； 3. 对绿化机具进行全面保养、入库； 4. 整理养护管理记录，做好全年绿化养护总结。

七、具体养护措施

1. 为了迅速恢复苗木长势，扩大树上树冠，应采取伤根恢复以及促根生长措施，即：树干注射营养液、根部施撒生根粉、灌促进生根类激素等。

2. 视树木生长需要和气候变化，浇水及时，水量充足，浇后中耕或封堰，雨季时注意排涝，树堰内不得有积水。

3. 植物保湿：使用树干缠草绳加喷水等。

4. 冬季防寒

(1)新栽植的苗木第一年做好防寒措施。

a. 对于高干植物应对其主干、大枝缠绕草绳。在冬季浇灌后及时封耳并用薄膜覆盖。

b. 对合欢、法桐等耐寒性较差树种要在绳外自下而上顺时针缠绕宽10～20 cm的薄膜。紫薇需用较厚的无纺布通体缠干保护。

(2)及时灌封冻水：在土壤封冻前要及时灌封冻水。

(3)搭设风障：为减轻冬季风对树木的伤害，可在树的四周架设风障(竹子至少三面挡风)。风障为2.5 m×2.5 m框架，用铁架子管支撑，绿色无纺布或防寒布围挡。要求统一、牢固、结实、美观。

(4)搭设防风架：低矮的灌木、色带等，用竹片、木杆搭起高于苗木10 cm防风架，用防风布进行封闭，防风布需封至地面，外形保持整齐、美观。

5. 其他措施：加强看管维护，防止人为破坏。

第三章　水电景观施工质量标准

总则

水景工程是工程中的景观亮点，保证灯具和取水器的安装质量是本工程的重点。

1. 安装定位要准确；

2. 结构基础做法严格按图纸及规范要求施工；

3. 灯具的选型由建设单位和设计单位、施工单位共同确定，确保整体的景观效果。

一、快速取水阀

阀门井安装位置距铺装边 15～20 cm 内方便使用。

二、景观排水沟盖板装饰

1. 花岗岩盖板

2. 成品篦子

3. 隐蔽雨水口

4. 缝隙式排水

三、市政井盖

市政井盖的装饰：

a. 铺装面层上的各类井盖在处理时应提前与铺装排版模式进行核对，铺装排版对线，与周围材质一致，通缝衔接对齐，确保不破坏整体的铺装效果。

b. 不锈钢篦子建议分为两部分处理，比整体井盖好用，后期使用易开启。

c. 井盖选材：不锈钢(306)或合金材料，防止生锈，并且保证刚度。

四、雨水篦子与草坪衔接

雨水篦子上摆放雨花石，不建议雨水口周围用卵石镶嵌与草地衔接，易造成周边草坪污染。

五、配电箱

1. 选购合格配电箱(柜)整体或组件产品必须具备相应合格证。

2. 配电箱基座装饰：配电箱需做混凝土基础底座，防止雨水进入，导致电器设备产生短路。

六、电缆

电缆敷设 YJV22 采用直埋敷设，YJV 穿管敷设。

七、庭院灯、草坪灯、水下灯

安装要求：

a. 横平竖直，不外露混凝土基座，外形美观。

b. 路灯紧固螺丝需用水泥封闭或用不锈钢螺杆防止螺丝生锈，标准做法采用预埋混凝土基础。灯基础加不锈钢收边，里面散置卵石。

c. 水下灯具线盒安装隐蔽。

d. 注意施工过程中各工种之间的前后施工顺序的衔接，避免交叉污染，石材铺装与灯具的衔接，灯具面罩的安装在涂面面层施工完毕并充分干透后进行。

第四章　景观设计标准

总则

1. 软质景观标准化：为统一关于苗木质量的要求，种植审美及养护成活的要求，对苗木的种植搭配、苗木质量做了统一的描述，以此为准则指导检验现场绿化施工质量。

2. 硬质景观标准化：在园林土建施工过程中，关于基础做法，铺装放线及铺装材料的应用都有一定的要求，保证使用的稳定性和安全性，硬质铺装材料的细节做法决定施工的质量。总结传承关于硬质铺装的若干经验，指导施工图设计。

一、软质景观标准化

1. 软景种植层次丰富，空间形式开合。

2. 组团造型切景树、背景树明确。切景树要根据树的具体形态现场调整观赏面。

3. 避免或少用的树种：在实际应用中，有些树种虫害严重，有些受气候环境等因素影响，成活率较低。如水杉、白桦等，京津冀地区应根据实际情况尽可能少用或不用，石家庄以北地区尽可能少用或不用大叶女贞，减少更换养护的难度，保证园林效果。

4. 不同景观区域打造不同的景观层次。

5. 关于苗木质量的要求：

a. 确保苗木的健康无病虫害；

b. 植物长势要旺盛；

c. 云杉确保分支点较低，无脱腿，遮挡下层空间，冠型丰满；油松要根据具体栽种位置选用分支点较低，冠型丰满的或有造型要求的特型油松；乔木、灌木根据施工周期安排选择提前断根或前一年秋冬的苗源，确保成活率高及轻修剪的全冠效果。

二、硬质景观标准化

1. 对于在基础较差或刚刚回填的土方上做硬质铺装，需强化基础结构，增加配筋，防止下沉导致的基础断裂。

2. 室外铺装石材地面，避免使用抛光面质感，防止雨雪天打滑摔伤行人。

3. 铺装放线要圆滑流畅，避免折断线等粗糙的铺装边缘。

4. 关于水池池底的做法，如水池池壁为黑色石材，池底可采用同质感黑色瓷砖，放水后池底质感是不能近距离接触的，远观效果一样，可节省施工造价。

5. 景观设计注意细节

(1)注意细节的打造——陶罐的摆放。

a. 在建筑的入口边角场地摆放陶罐，不影响业主的出行，此种摆放宜为一组，高矮圆扁要有对比，陶罐内感觉花卉溢出来一样；

b. 在绿地中摆放陶罐要与花卉有联系，使人感觉花从陶罐内撒落出来，此种摆放可为单个陶罐半卧摆放；

c. 在别墅院落的小院围墙柱上，选择形式尺度较搭的陶罐植物(如常春藤、垂吊矮牵牛、吊兰等)从陶罐内外溢；

d. 陶罐与水景的关系，与水相生共荣，水从陶罐内倾洒出来。

(2)室外箱变、空调机等设施景观设计注意细节。

a. 室外箱变、空调室外机等设施的园林处理以木质为主，若必须用钢制构架，宜有木质材料包装饰面，形体上宜美观、大方，应与建筑风格协调，如有多个构筑物，应在风格上相对统一。

b. 木格栅周围应有植物掩映，弱化处理室外构筑物。

(3)景石的选料及堆砌注意细节的把控：由我单位专业从事景观石多年的专家全程指导完成，确保景观效果。

(4)注重冬季景观细节效果：为增强整体环境的活跃性，打破冬季沉寂的气氛，故增添假植，以达到提升冬季景观效果目的。根据不同的树形选择不同的叶形和颜色，注重色彩的搭配。

参考文献

[1]吴戈军．园林工程项目管理[M]．北京：化学工业出版社，2015.

[2]刘玉华，陈志明．园林工程项目管理[M]．北京：中国农业出版社，2010.

[3]李永红．园林工程项目管理[M]．北京：高等教育出版社，2014.

[4]龙岳林．园林建设工程管理[M]．北京：中国林业出版社，2009.

[5]成虎．工程项目管理[M]．北京：中国建筑工业出版社，2001.

[6]桑培东，元霞．建筑工程项目管理[M]．北京：中国电力出版社，2007.

[7]刘志映，余燕君．建筑工程项目管理[M]．北京：中国水利水电出版社，2007.

[8]吴立威．园林工程施工组织与管理[M]．北京：机械工业出版社，2010.

[9]王良桂．园林工程施工与管理[M]．南京：东南大学出版社，2009.

[10]刘义平．园林工程施工组织管理[M]．北京：中国建筑工业出版社，2009.

[11]李忠富．建筑施工组织与管理[M]．北京：机械工业出版社，2010.

[12]曾汉良，赵业礼．园林绿化工程质量管理与控制[M]．北京：中国电力出版社，2007.

[13]陈美亮．网络优化法在兰溪南岸公园工程施工进度控制中的应用[J]．水利科技，2008(2).

[14]郝瑞霞．园林工程施工招投标与合同管理便携手册[M]．北京：中国电力出版社，2008.

[15]郝瑞霞．园林工程施工成本管理便携手册[M]．北京：中国电力出版社，2008.

[16]郝瑞霞．园林工程施工组织设计与进度管理便携手册[M]．北京：中国电力出版社，2008.

[17]李敏．建设项目与合同成本管理[M]．北京：中国建筑工业出版社，2007.

[18]李敏．园林绿化建设施工组织与质量安全管理[M]．北京：中国建筑工业出版社，2007.

[19]王瑞祥．现代企业班组建设与管理[M]．北京：科学出版社，2008.